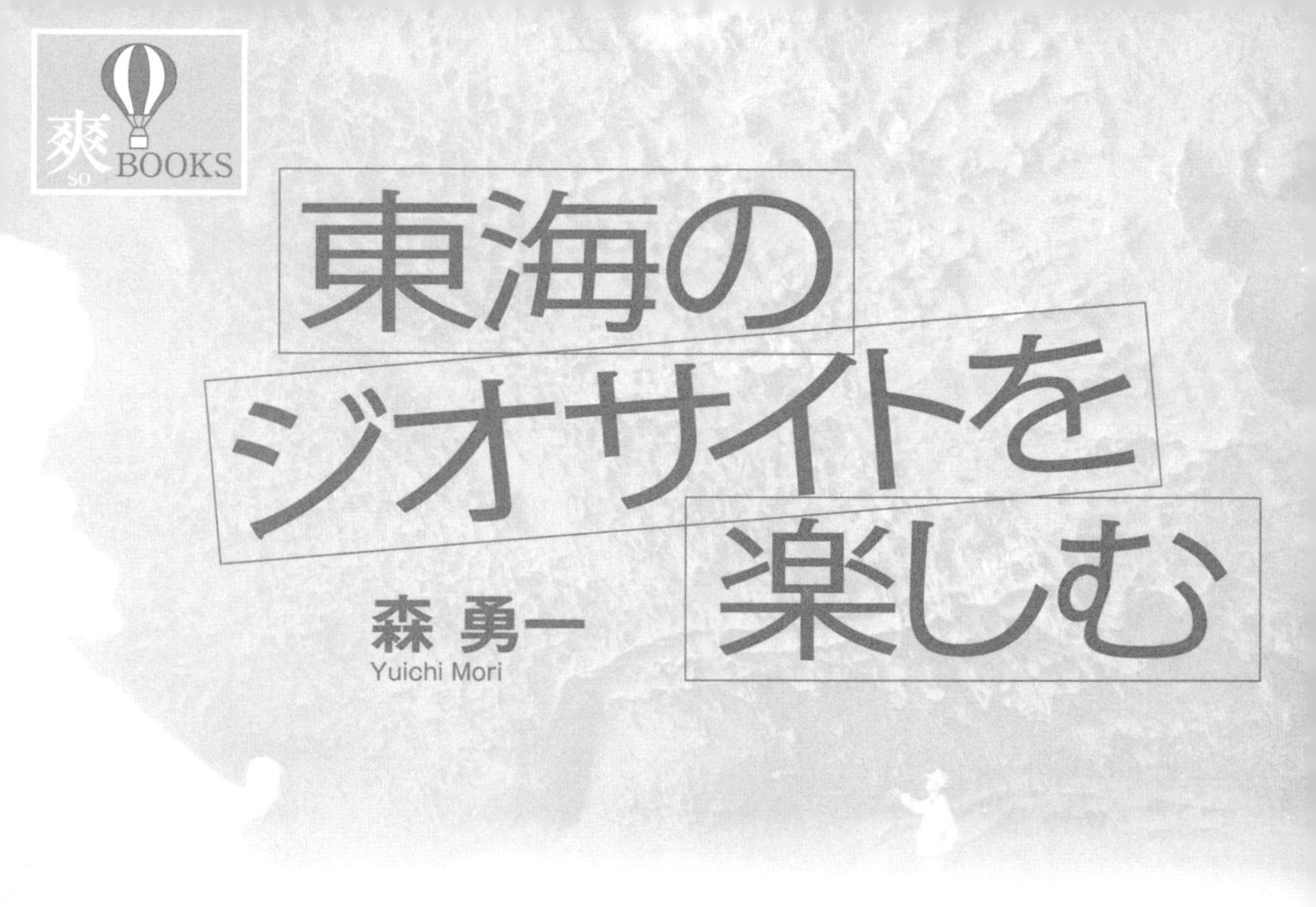

爽 SO BOOKS

東海のジオサイトを楽しむ

森 勇一
Yuichi Mori

風媒社

まえがき

「想定死者最大32万人」。２０１２年8月30日、大見出しが新聞各紙一面にデカデカと載った。内閣府発表の南海トラフ巨大地震が発生した際の、最悪の被害想定である。恐るべき数字だが、私たちはこうした地震活動の最前線で生活しているのだ。地球の営みは、ヒトの想像力をはるかに超える。

南海トラフでは、１４９８年の明応地震から１９４６年の南海地震が発生するまでの４４８年間に、計5回の地震が発生している。４４８年を約４５０年とすると、平均90年に一度ずつ巨大地震に襲われていることになる。

東海地方で東南海地震が発生してから75年、南海地震が発生してから73年が経った。およそ74年を、「90年までにまだ16年ある」と考えるか、「90年はもうすぐそこ」と考えるかによって、地震への備え方が変わる。

高校の地学の教科書を開くと、ハワイ諸島の距離と年代値を示した図が載っている。図からプレートの移動速度が求められ、年間8㎝で西へ移動し、日本列島を絶えず押し続けている。この力こそが、東日本大震災を引き起こしたエネルギーだったのである。

地震や火山・地球の成り立ちなどについて関心が高まるなか、高校で地学を学ぶ重要性が、今日ほど叫ばれた時代はない。地学は、その学問の性格上、人間生活に最も密着した内容を含んでいて、現在の地球環境問題・自然災害などを考える上でも、身に付けなければならない大切な学問分野である。にも関わらず、全国の高校地学受講者は5％以下といわれ、東海四県の地学履修者はさらに少なく一握りにもならないという。

そんななか、一般の人々に少しでも地学的素養に触れる機会をつくりたい。中日信用金庫の山田功理事長の計らいで、「中部経済新聞」に2年間、愛知・岐阜・三重三県の地学話題を提供した。この原稿をもとに一冊の本にまとめ、『アンモナイトの約束』として世に送り出した。

読者の中に、掲載された場所を訪ねる人が多くいたという。それならいっそのこと、地学の読み物だけでなく、ジオサイトとして紹介したらどうだろう。前著に新たに静岡県を加え、そのうえで大幅に修正・加筆し完成させたのが、本書である。ジオサイトという固有名詞があるわけではない。「ジオ」は地球とか地学の意味、「サイト」は場所や現場などの意味で用いている。ジオサイトとは、地球の営みやヒトの自然への働きかけなどが観察・体験できる場所のことである。

本書は、いわゆる巡検案内書ではない。書かれた文や写真をもとに壮大な地球の営みについて理解し、ゆかりの場所を訪ね思考を深めてもらうための、一般向けの「地学の教科書」である。

日本列島は、地震災害や気象災害が頻発する国であるが、一方で美しい山河や長い地球の歴史を秘めた世界一魅力的なジオサイトでもある。そして、東海四県は、日本列島の地学現象が凝縮したわが国有数のジオサイトであることは、本書を読めば誰もが実感できることだろう。

東海のジオサイトを楽しむ　［目次］

岐阜県

三重県 …… 113

本書の関連地図

1．伊豆半島から暴風に運ばれ西へ飛んだ火山灰（伊豆市）
2．火山の総合博物館・伊豆半島ジオパーク（南伊豆町・下田市ほか）
3．富士山－四段重ねの活火山（富士宮市ほか）
4．人馬行き交う安倍郡衙、井戸の中まで糞虫が…（静岡市）
5．教室そのまま博物館（静岡市）
6．弥生水田からイネを食う虫（静岡市）
7．山頂に１億年前の海の化石（静岡市）
8．子鉄の聖地で地学散歩（川根本町）
9．黒ぼく土人為説を最初に提唱した農学者（磐田市ほか）
10．平野の地下に砂の造形（浜松市・磐田市）

1．熱帯性クロツヤムシの化石（東栄町）
2．医王寺の住職岩脈追跡に躍動（新城市）
3．ぐにゃぐにゃの地層はどうしてできたの？（佐久島）
4．見どころ満載の地学スポット東谷山（名古屋市守山区）
5．藻塩の浜（東海市）
6．内海海岸に「津波石」（南知多町）
7．シンカイコシオリエビの悲劇（南知多町）
8．アンモナイトの約束（犬山市）
9．発掘された 150 年前のため池崩壊（犬山市）
10．あわれ！キリギリス鳴く弥生都市（清須市）
11．牛が沈み、砂の柱が立った！（津島市ほか）

1．4億年前の奥飛騨産ハチノスサンゴ（高山市）
2．縄文・弥生の狩猟支えた下呂石製石鏃（下呂市）
3．長島父子が世に送り出した苗木石（中津川市）
4．1700 万年前に冷水塊（瑞浪市）
5．珪化木はどこから？（美濃加茂市）
6．恐竜時代の巨大隕石衝突（坂祝町）
7．金生山ーフズリナ化石に残る海のなごり（大垣市）
8．動乱の２世紀に大地震はあったのか？（養老町）
9．縄文の海（海津市）
10．名古屋城石垣に三菱マーク（海津市）

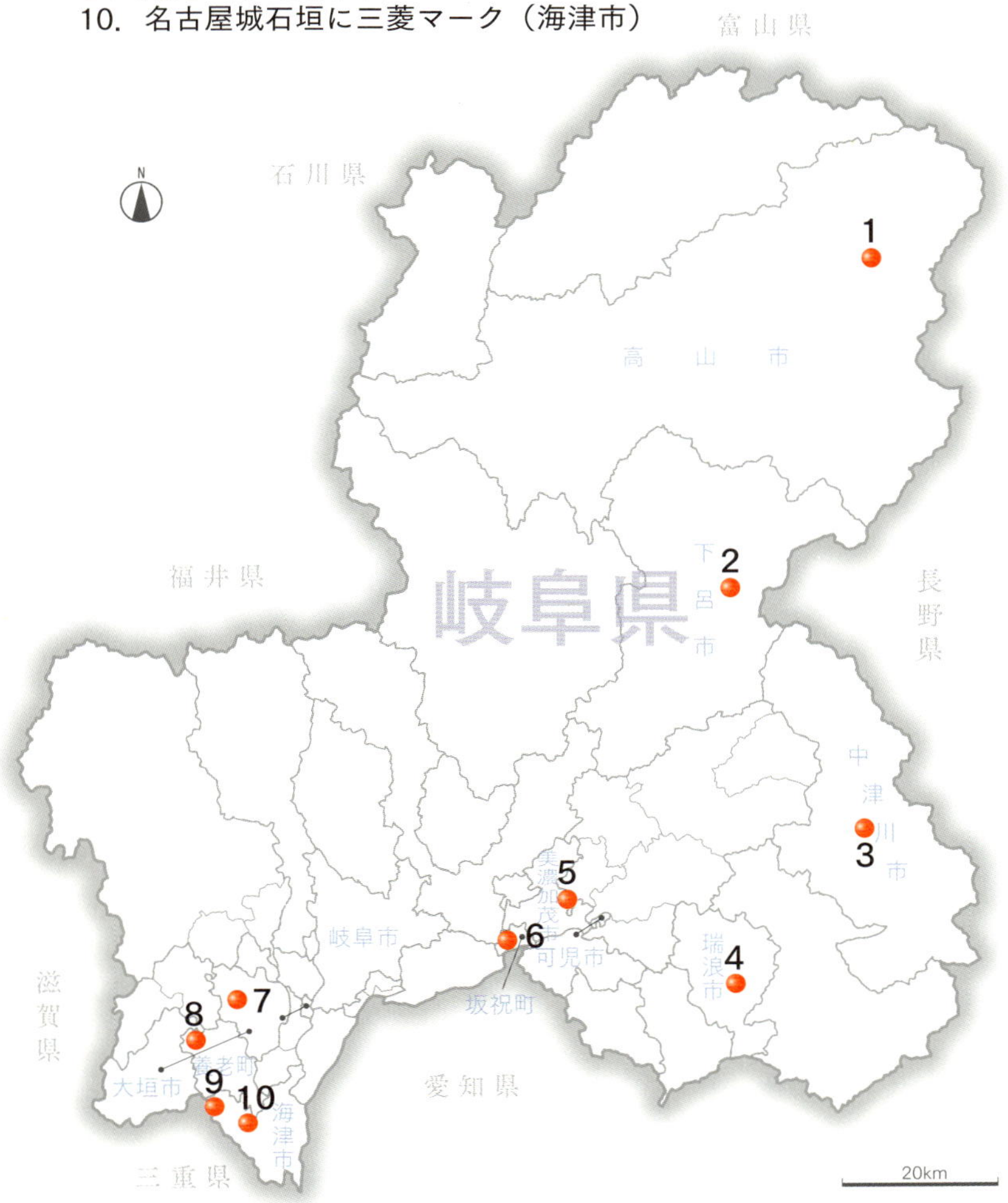

1．弥生時代の石器工場（いなべ市）
2．地層が語る地球のドラマ（桑名市ほか）
3．中学生の好奇心をかきたてた階段状地形（桑名市）
4．オオミズスマシ—350 万年前の熱帯の記憶（津市）
5．三角珪藻が語る謎の海水膨張（津市）
6．350 万年前　ゾウの王国（伊賀市・津市ほか）
7．川がつくる天然ドリル「逆柳の甌穴」（伊賀市）
8．32 トンの大型恐竜トバリュウ（鳥羽市）
9．天狗の爪はサメの歯だった！（津市ほか）
10．圧巻の大パノラマ—楯ヶ崎の柱状節理（熊野市・尾鷲市）
11．イルカ・ボーイズの墓（熊野市）

静岡県

1

◉伊豆市

伊豆半島から暴風に運ばれ西へ飛んだ火山灰

図１　浄蓮の滝、右下に柱状節理が見える

石川さゆりの熱唱演歌「天城越《あまぎ》え」は、湯ヶ島から下田街道を南下し天城峠に至る道中を歌っている。作詞家の吉岡治と作曲家の弦哲也が歌手の石川さゆりを伴って、湯ヶ島の宿に3日間逗留し、つくりあげた曲だという。

途中、浄蓮の滝（図1）を通り、九十九折りを経て下田に至る。伊豆の踊子も通ったとされる道だ。浄蓮の滝の東方に天城山が連なっている。万三郎岳、万二郎岳など複数の峰をもつ山塊である。この一角にカワゴ（皮子）平火山が位置している。火口は、天城火山の稜線の標高１１００m付近にあり、東西方向の直径は約１kmで北側に開いた馬蹄形をしている（嶋田、2000）。

今からおよそ３０００年前、カワゴ平火山が大爆発をして、大量に火山砕屑物を放出させた。流紋岩ないしデイサイト質マグマの噴火である。火山砕屑物のうち、細粒のものは軽石を伴う火山灰となって周辺地域に飛散した。飛散した火山灰は、天城カワゴ平火山灰層（町田・新井、2003）と呼ばれている。この火山灰は、静岡県下の長崎・川合・池ヶ谷・角江など多くの遺跡内から検出され、縄文時代後・晩期のころの示標テフラ*として重要な役割を担っている。

よく似た火山灰が、愛知県春日井市の松河戸・町田の両遺跡から発見され、これは発見地にちなんで松河戸火山灰層（森ほか、1990）と名づけられた。発見時の第一印象は、たき火で出た木灰を誰かが無造作に撒いたかのように見えた。真っ黒の泥炭層の上を、桃白

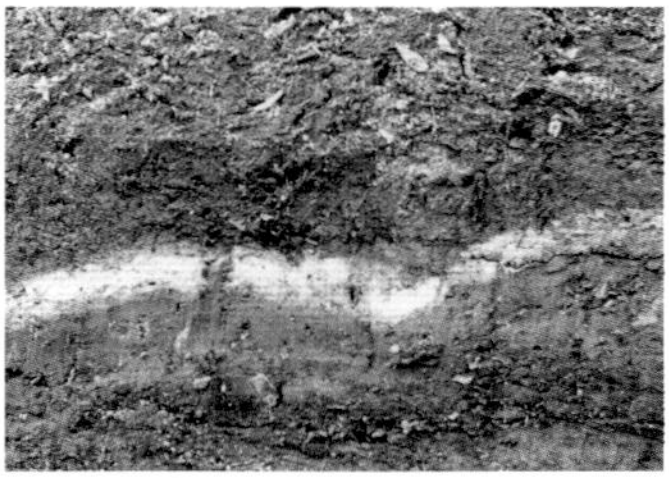

図2　泥炭層から見つかった松河戸火山灰層

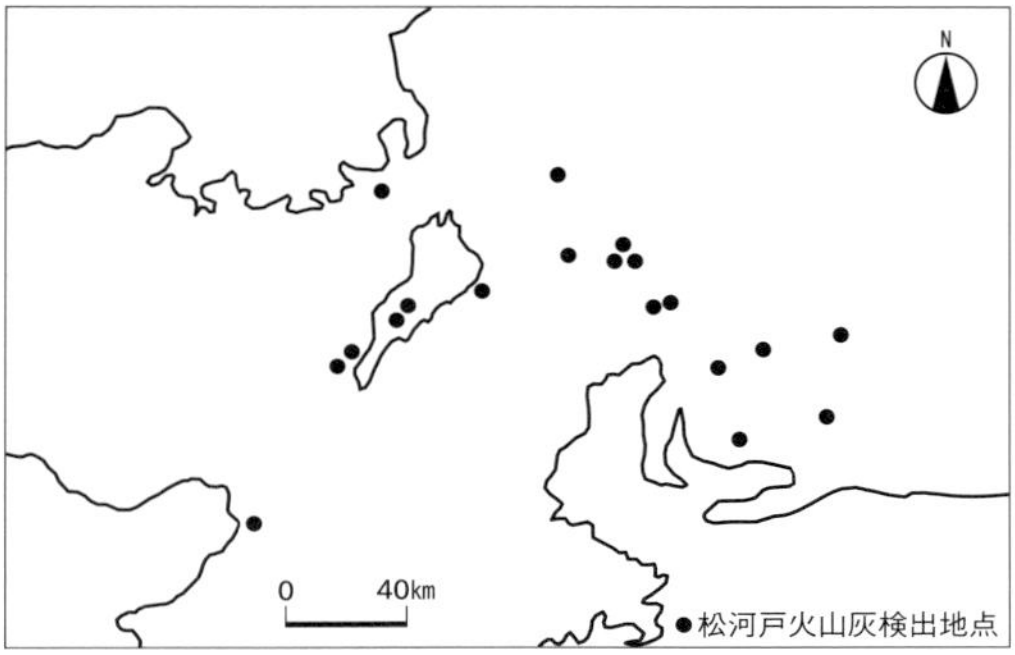

図3　松河戸火山灰層が発見された場所（森、1994より）

色ないし薄赤褐色の細粒ガラス質火山灰が、うっすらと覆っていた。層厚はおよそ3～4㎜、最大でも22㎜であった（図2）。

顕微鏡で観察すると、松河戸火山灰は多孔質・軽石状で、独特の形状の火山ガラスで構成されており、広域テフラとして著名な九州起源の鬼界アカホヤ火山灰や姶良Tn火山灰のようなバブルウォール型**の火山ガラスとはまったく異なる火山灰層だった。放射性炭素年代値は、直下の泥炭層より3120±120yrsBPと求められ、また火山灰層の下位から縄文時代後期、上位から縄文時代晩期の土器片が発見されたことから、松河戸火山灰層が縄文時代後期と晩期の間に降灰したものであることも示された（森ほか、1990）。

その後、松河戸火山灰層は、愛知県のみならず岐阜・滋賀両県や近畿地方からも報告され、発見場所は広がりを示していた（図3）が、火山灰層の給源についてはよくわからず山陰地方の三瓶・太平山火山ではないか、と報告した（森ほか、1990）。

給源を考え直す発端は、静岡県埋蔵文化財調査研究所（現在の静岡県埋蔵文化財センター）より長崎遺跡から採取された天城カワゴ平火山灰層のサンプルを譲り受けたことによる。顕微鏡下で覗いてみて、多孔質の火山ガラス片が天城カワゴ平火山灰と松河戸火山灰でよく一致し、火山ガラスの屈折率や含有される重鉱物組成なども酷似していて、両者が対比可能であることを確信するに至った（図4）。

対比にあたっての一番の課題は、伊豆半島は愛知県の真東にあたり、伊豆半島中央部の天城山系から火山灰層がどのような風に乗って飛んでくるか、自分自身十分納得のいく解答を得ることができなかったことだ。『新編火山灰アトラス』（町田・新井、

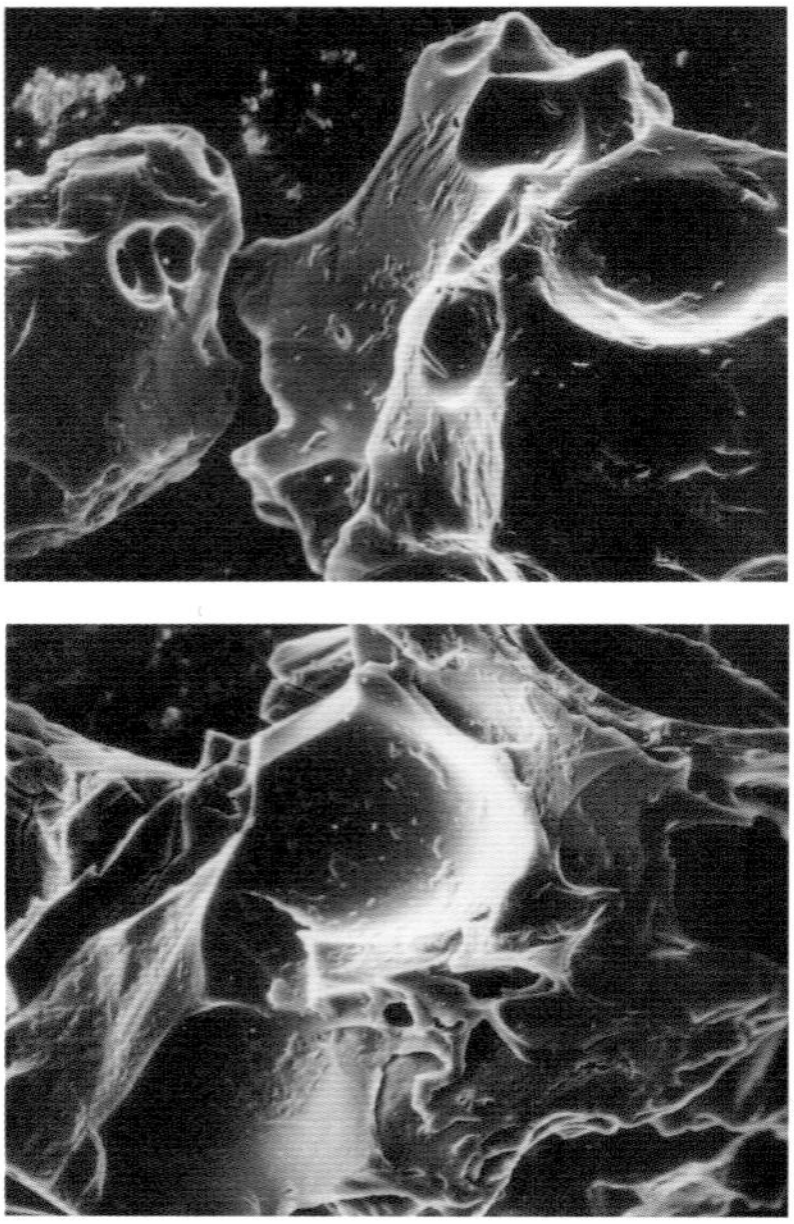

図４　火山ガラスの電子顕微鏡写真
上：松河戸火山灰層
下：カワゴ平火山灰層

1993）を開くと、日本国内で確認されている広域テフラはすべて南西から北東へ、または西から東に飛散している。日本上空を流れる偏西風に乗って飛ぶからであろう。

驚くべきことに、天城カワゴ平火山灰は東から西に向かって飛んだという。どのような気圧配置になると、東寄りの強風が吹くのだろうか。

西田ほか（1993）は、この謎にせまる興味深い研究成果を公表している。「近畿地方へ東から飛んできた縄文時代後・晩期火山灰層の発見」という題名で、カワゴ平火山灰層について書いている。日本列島に大規模な東風が吹く3つの時期について、一つは春、他の2つは夏の終わりから晩秋にかけての時期であるとした。そして、火山灰を東から西へ運ぶには、梅雨前線と秋雨前線に加え、本州南岸を大型の台風がゆっくりと東進したとき台風の北側で強力な東風が数日にわたって吹く可能性がある、と述べている。

気象庁のホームページで、静岡県で東寄りの風が吹く日がどの程度あるか調べてみると、年によって差はあるものの、冬季を除けば毎月1〜2日あることがわかる。しかし、地表の風が東風であっても上空では偏西風が流れており、舞い上がった火山灰を西に向かって飛ばすことにはならない。追究を続けるなかで、２０１７年10月23日、静岡市内で瞬間最大風速20・９ｍ／秒の東風が吹き、前日の22日には同じく瞬間最大風速20・３ｍ／秒の北東の風が記録されていることが明らかになった。

この前後の天気図をみると、20日には大型で非常に強い台風21号がフィリピンの東を北上し、本州南岸には前線が停滞する様子を読み取ることができる。つづく21日台風が発達しながら南大東島へ接近し、22日には加速しながら本州に接近する様子が天気図に現れている。この日、秋雨前線が活発化し西～東日本で史上第1位の大雨、岡山県で最大瞬間風速46・7m／秒が記録されている。23日には台風21号が静岡県に上陸し、東京都内で最大風速35・5m／秒、札幌や帯広で初雪、富士山で初冠雪があるなど、異常な天気が4日間継続した。

3000年前、天城カワゴ平火山灰が噴火した日。それは、日本に超大型台風が上陸した日だったのではないだろうか。

* **テフラ**↓一度の火山噴火によって噴出する火山噴出物をさす言葉。大きくて重い凝灰岩や軽石流堆積物などは火山周辺にとどまるが、噴出した火山灰やスコリア（黒っぽい軽石）などは風に運ばれ、ときに水流によって運ばれて広く拡散する。テフラのうち、離れた地域の地層対比に有効なのは、粒径2㎜以下の降下火山灰の部分である。

** **バブルウォール型**↓マグマが激しく泡だって生じた「泡の破片」からなる火山灰を、バブルウォール型火山灰という。泡と泡とが重なり合った壁の部分が観察されることが多いことから、名づけられた。

ゆかりの地を訪ねる

天城山系の皮子平に行くには、2ルートがある。一つは伊豆市中央部の筏場林道を南下し東皮子平に至るルート、途中筏場のわさび田が美しい。もう一つは伊豆市南部の八丁池口から入る。紅葉がきれいな「昭和の森」を経て天城縦走路を登る。

❷ 火山の総合博物館・伊豆半島ジオパーク

◉南伊豆町・下田市ほか

伊豆半島ジオパークのキャッチフレーズは、「南から来た火山の贈りもの」。伊豆半島は、2018年、ユネスコの世界ジオパークに認定され、現在、日本で最も人気の高いジオパークの一つである。伊豆半島は、フィリピン海プレートの移動によって、はるか南の海から現在の位置に移動してきたという（「伊豆ジオMAP」より）。

伊豆半島は4つのステージを経て、現在の姿になった。最初のステージ、伊豆半島をつくる一番古い地層は、半島中部から南部にかけて分布する。仁科層群・湯ヶ島層群と呼ばれる凝灰質（火山灰を多く含む）の堆積岩類や火山岩類である（吉村、1988）。含まれる化石から、やや深い海に堆積したものとされている。

西伊豆町一色では、海底火山活動の結果できた枕状溶岩を観察することができる（図5）。およそ2200～1500万年前の新生代新第三紀中新世に噴出した玄武岩ないし安山岩の溶岩が、海水と接触し急冷したときにできた。

二番目のステージは、浅い海にたまった白浜層群。下田市須崎にある恵比須島海岸のラミナ（葉理）の発達した火山灰質砂層とシルト層が連続するシマシマ露頭は、「素晴らしい」のひと言に尽きる（図6）。ところどころに軽石が含まれる。粒の大きさや重さなどが異なる火山砕屑物が水流に運ばれる過程で何度となく選別され、シマシマの地層となった。

石廊崎《いろうざき》には、荒波に侵食されてできたほこらに役行者《えんのぎょうじゃ》が開いたとされる石室神社がつくられてお

図５　西伊豆町の枕状溶岩

図６　恵比須島で見られるシマシマの地層

図７　石廊崎先端の火山角礫岩

図８　海中土石流堆積物の産状

図９　爪木崎海岸で見られる蜂の巣状の柱状節理

図 10　一回の噴火で生じた大室山火山

り、さらに進むと縁結びの神を祭る熊野神社がある。安山岩の岩塊を含むごつごつとしたむき出しの火山角礫岩がつくる景観は、太平洋を望む伊豆半島南端に展開していて見ごたえがある（図7）。これとは少し様相の異なる角礫岩は、恵比須島でも観察できる。恵比須島の堆積物は水底土石流によって生じたとされていて、1mを超える巨礫を巻き込みながら海中を流れ下った土石流のすさまじさに圧倒される（図8）。

下田市爪木崎海岸には、並んだ断面が蜂の巣のように見える大規模な柱状節理（図9）があり、南伊豆町逢《おう》ケ浜では大変珍しい放射状の節理だけでなく、海中に奇岩が林立していてどこをねらっても絵になる風景が連続している。伊豆半島ジオパークは、約1500万年前から約700万年前（中期中新世〜後期中新世）の海底火山活動と、水流に運ばれた火山砕屑物の多様性を観るのに絶好のフィールドである。

三番目は、陸上大型火山の時代。フィリピン海プレートの北上とともに、この上にのった伊豆火山群が日本列島に衝突し、現在の伊豆半島の骨格をつくるような激しい火山活動を繰り返した。新生代新第三紀鮮新世から更新世（およそ700万年から170万年前）にかけてのできごとである。

熱海市の魚見崎海岸に発達する断崖では、海底に流れ出た溶岩が海水と触れあって生じた水蒸気爆発の産物を見ることができる。伊豆の国市にある成層火山の多賀火山、富士山の南側に位置する愛鷹《あしたか》山は、この時代の火山活動の産物である。

伊豆半島における第四のステージは、伊東市の大室山や、伊豆市から賀茂郡東伊豆町にかけて位置する天城火山などに見られる新規火山岩類を噴出した時代である。

大室山は、伊豆シャボテン公園のすぐ隣に位置する茶碗を伏せたような形の単成火山*（図10）。約4000年前の大室山の火山活動の結果、流れ出た大量の溶岩は相模湾に流れ下って急冷し、城ヶ崎海岸の変化に富んだ景観をつくり出した。

天城火山のうち最新のものは、およそ3000年前の縄文時代後期と晩期の境界付近に活動した火砕流を伴うカワゴ平火山である。

伊豆半島に数多くある温泉は、今も半島の地下に火山活動の名残が存在することを示している。伊豆半島は、どこへ行っても火山活動に結びついた地形や地層がいっぱい。伊豆は、まるごと火山博物館なのである。

＊**単成火山**↓一回の噴火によって形成された火山をいう。単成火山に対して、2回以上の噴火によってできた火山を複成火山という。富士山は典型的な複成火山である。

⬇ゆかりの地を訪ねる

伊豆市の修善寺総合会館内にある伊豆半島ジオパークミュージアム「ジオリア」を訪れ、情報を入手したうえで、伊豆各地に見られる火山岩類、火山灰がもとになった地層や地形、温泉などを巡るのがてっとりばやい。伊豆半島ジオパークはホームページが充実していて大変参考になるほか、町役場や市役所に行くとジオパークを担当する職員が配置されていて、説明を聞くことができる。

③ 富士山—四段重ねの活火山

◉富士宮市ほか

日本で最も美しい山は、富士山であろう（図11）。富士山は、日本で最も美しい山であるのと同時に、日本で最も高い山でもある。富士山の美しさの秘密は、すそ野の長い山のかたちにある（図12）。

日本人は、古来、すそ野の長い富士山のかたちに特別な思いを込めてきた。日本中どこへ行っても、富士山に似た山を見つけ、「蝦夷富士」、「尾張富士」、「薩摩富士」などの名前をつけ、結局は富士山に対する想いを募らせてきたのである。その想いは、山が火山であってもなくても構わない。

溶岩の性質についてみると、粘性が乏しく流れやすい玄武岩質の溶岩は偏平な形状の火山をつくる。西洋の騎士が用いた楯の形に見たて、楯状火山（アスピーテ）という。ハワイ諸島のキラウエア火山が有名である。粘性が高く流れにくい流紋岩質の溶岩は円筒形の火山をつくる。溶岩ドームである。北海道の昭和新山が知られる。

すそ野の長い富士山型の火山は、成層火山と呼ばれる。日本には、成層火山に分類される火山はすこぶる多く、北海道には蝦夷富士の別名を持つ羊蹄山《ようていざん》、東北には岩手山や鳥海山、関東・中部には浅間山や御嶽山、中国地方には大山《だいせん》、九州には薩摩富士の異名がある桜島など、枚挙にいとまがない。

図11　東名高速道・富士川サービスエリアから見た富士山

図12　国民休暇村「富士」から見た日の出前の富士山

　火山学的に言えば、日本列島は海洋地域に多い玄武岩質マグマと大陸地域に多い流紋岩質マグマの中間にあたる安山岩質マグマが噴出する安山岩線上に位置している。つまりは、日本人の好むすそ野の長い成層火山は、マグマの粘性が高くも低くもない程々の粘り気をもった安山岩質マグマがつくる火山地形だったのである。では、典型的な成層火山である富士山は、安山岩質マグマによってつくられた火山とみて良いのだろうか。

　富士山ほど複雑な生い立ちをもつ火山はそう多くない。富士山は、わが国で最も高い山であることもあって多くの火山学者の調査対象となり、数多くの研究成果が積み重ねられてきたが、いまだ解明されていないことも多い。現在、知られている富士火山の活動史を順に追ってみよう。

　富士山の火山活動は、およそ数十万年前の先小御岳火山（一段目）の活動で開始され、つづく十万年以上前には小御岳火山と呼ばれる火山体（二段目）が形成された。先小御岳火山は安山岩ないし石英安山岩（デイサイト）、小御岳火山は安山岩質マグマが噴出したものであるという（佐野、2010）。これらの火山は、のちに述べる古富士火山と同様、新富士火山の下に伏在し、現在の富士火山とは別の火山体である。

　三段目の古富士火山は、約10万年前から1・1万年前の火山活動でできた火山であり、火山泥流堆積物や火山砂・火山角礫岩・火砕流堆積物などを噴出させた。このときの火山活動ですでに標高3000mに達する山体が形成された。火砕物や溶岩の岩質は安山岩ではなく玄武岩である（石田、1988）。

　古富士火山の活動が終了し、1・1万年前以降、今日に至る火山活動によって形成された山体は、新富士火山と呼ばれる。新富士火山の活動で最も新しいものは、1707年の宝永噴火である。12

図13　宝永噴火で噴出した火山砕屑物

図14　富士山と宝永噴火口

月16日午前10時頃から翌年1月1日未明まで約16日間にわたり火山活動が継続し、「宝永スコリア」と呼ばれる火山砂礫や火山灰を噴出した（図13）。このときの噴火口が宝永火口である（図14）。宝永噴火も玄武岩質マグマによるものとされている。

日本一高く、私たちが成層火山のシンボル的な山として眺めてきた富士山は安山岩ではなく、玄武岩質マグマによってつくられた火山だったのである。

富士山が他の成層火山と異なり、玄武岩質マグマで構成されているのには理由がある。伊豆半島は、フィリピン海プレートの上に乗っていて南方より北上し、日本列島に衝突して生まれた。フィリピン海プレートは、東側で相模トラフ、西側で駿河トラフを境に日本列島の下に潜り込んでいるが、南東方向より沈み込んだフィリピン海プレートの境界部付近より大量のマグマが供給されていて、これが富士山の火山活動の源になっているという考えがある。フィリピン海プレートが海洋プレートの一つであることに疑いはなく、そう考えれば富士山が玄武岩質マグマで構成されていることも納得できる。

富士山の下に隠れている小御岳火山が安山岩質であることから、富士火山は他の日本の成層火山と同じく安山岩質マグマの活動により始まり、10万年前以降、玄武岩質マグマの火山に姿を変えたと考えられる。

ゆかりの地を訪ねる

富士山は見るのも登るのも良い。富士山の絶景スポットは多くあるが、静岡県側では世界文化遺産に富士山とともに登録された三保の松原から見る雪をかぶった富士山が一番という。富士山に関わる自然科学・信仰・美術・文学など多方面の展示や、映像、富士登山の疑似体験までできる施設が、２０１７年オープンした県富士山世界遺産センターである。ＪＲ身延線富士宮駅から徒歩８分のところにある。富士山がもたらす恵みを理解するには柿田川公園（駿東郡清水町）の湧水や、白糸の滝（富士宮市）などが見もの。

岬の地質学①

◉ 御前崎（静岡県御前崎市）

遠州灘に飛び出た御前崎は、海溝型地震である東海地震や南海トラフ巨大地震が発生したとき、真っ先に津波が到達する位置にあり、地震に対する備えが市あげて取り組まれている。市民の防災意識も高い。

御前崎灯台から海岸を見ると、洗濯板を並べたような地層が見える（図 1）。相良層群と呼ばれるおよそ 1500 万年前の新第三紀中新世の地層である。砂岩と泥岩の互層でつくられていて、相良砂岩シルト岩互層と名づけられている。

相良層群の由来ともなった牧之原市相良では、かつて太平洋岸唯一、石油が採掘されていた。貯留層は、時ヶ谷砂岩シルト岩互層であったとされ、御前崎の海岸部に露出する相良砂岩シルト岩互層の下位にあたる。御前崎沖の海域では、石油に替わってメタンハイドレードを大量に含む堆積物が発見されている。

図 1　相良層群の砂岩・泥岩互層

4

◉静岡市

人馬行き交う安倍郡衙、井戸の中まで糞虫が…

図15　ゴホンダイコクコガネの頭部

ゴホンダイコクコガネのオスは、頭に1本、胸に4本、計5本のツノがあり日本産コガネムシの中で最もいかめしい（図15）。糞虫ファンあこがれのムシの一つである。

中生代白亜紀に生息した恐竜の一種トリケラトプスに似るが、ゴホンダイコクコガネの方がツノの数が2本多い。そもそも、糞虫や樹液酒場に集まるカブトムシ・クワガタムシのオスに、なぜ立派なツノや大顎が必要だったのか。動物の糞や樹液の出る場所は限られていて、そこを訪れる昆虫たちにとってときに闘争の舞台であったからに他ならない。

ゴホンダイコクコガネは、林内の新鮮なシカ糞から見つかることが多い。牛馬の糞にも好んで飛来し、ときにこれを独占している。放牧地ではとくに馬糞に集まる（川井ほか、2008）。静岡県川合遺跡は、ゴホンダイコクコガネの化石（遺体という場合もある）が日本で最も多く発見された遺跡である。その数計60点、大半はハネ、そして胸の部分である（図16）。

実は川合遺跡から見つかった糞虫のうち、最も数が多かったのはマグソコガネの仲間である。マグソとは、「馬糞」をさす。ウマの糞を食べるコガネムシという意味でつけられた。昆虫に名前（和名）をつけるころには、日本にウマがたくさん飼われていて、馬糞もごく普通に地面の上に落ちていたのであろう。

今、都会の人が馬糞を見ることはまったくない。そのため、馬糞の中に、糞虫と呼ば

図16　川合遺跡から発見されたゴホンダイコクコガネの胸の部分

れる昆虫が住んでいることなど知る由もない。

日本に生息する糞虫を、おおまかに大きさの順に並べると、一番大きいのがダイコクコガネの仲間、次はセンチコガネの仲間、エンマコガネの仲間、最も小さいのがマグソコガネの仲間ということになる。これもまたおおまかだが、大きな糞には大きな糞虫、小さな糞には小さな糞虫がいる。となると、大きな糞である馬糞には、大きな糞虫がいることになるが、マグソコガネの仲間は体は小さいが、大きな糞にも小さな糞にも集まる。

マグソコガネは、マグソコガネの仲間の代表種である。体長4・9〜7・2㎜。光沢のある黒色の小昆虫である。かりに馬糞を見つけても、近寄ってよく観察しないと、マグソコガネの存在には気づかないだろう。馬糞のほか、ウシ・シカ・カモシカ・イノシシ・サル・タヌキなど多くの野生動物の糞を食べ、人糞やイヌの糞にも来る。

マグソコガネと名のつく糞虫は、日本に50種ほどもいて、互いによく似ている。体全体がそろっていても、分類はとても難しいのに、遺跡から発見される昆虫は、バラバラに分離していて、種名を決定するのはさらに困難である。さいわい、人の居住域付近に生活するマグソコガネの仲間はそんなに多くなく、せいぜい10種程度に限られる。

ハネに並んだ線（条溝という）の特徴、線と線に挟まれた部分（間室という）に見られる小さな穴（点刻という）の大きさや配置、胸の部分の点刻の大きさや数、頭の形態や点刻配置など、微細な手がかりを求めて徹底的に観察し、違いをさがし出す。もちろん、顕微鏡下の仕事である。結局、名前がつけられるマグソコガネは、4〜5種程度。マグソコガネ、オオマグソコガネ、コマグソコガネ、これにクロツヤマグソコ

図17　川合遺跡から発見されたマグソコガネの左のはね

図18　糞虫を多産した川合遺跡の井戸跡
（静岡県埋蔵文化財センター写真提供）

ガネなどである。

　奈良時代の静岡県川合遺跡からは、４種すべてのマグソコガネの仲間が見つかった。川合遺跡では、正真正銘マグソコガネだけで１２２５点発見され、オオマグソコガネ・コマグソコガネなど他のマグソコガネ類を含めると、１９１６点のマグソコガネの仲間が見つかった（図17）。これにゴホンダイコクコガネやセンチコガネ、中型のエンマコガネの仲間などを加えると、合計２７３２点もの糞虫が川合遺跡のSE402、SE405とされる、たった2基の井戸（図18）の中から発見されている（森、1993、1995）。

　そんな糞虫満載の井戸があった川合遺跡とは、いったいどんな遺跡だったのだろう。遺跡は静岡平野の北東、北に南沼上丘陵を控えた標高5～8ｍの沖積低地の上に位置している。弥生時代中期～古墳時代中期の集落跡と、古墳時代後期から近現代に至る水田跡が確認され、北寄りの標高の高い部分からは、奈良時代の住居跡が多数見つかった。発掘調査の成果では、奈良時代の住居跡は互いに重なり合い、多くの人々が長期にわたって居住していたことが知られている。

　川合遺跡からは、「造大神印」と書かれた銅印が出土し、柵列や溝で方形に区画された掘立柱建物群が配置されるなど、遺跡周辺は隣接する内荒・宮下両遺跡などとともに、駿河国安部郡の郡衙《ぐんが》（現在の県庁や市役所にあたる）を構成する地域だったと考えられている。

　井戸がトイレでなかったことは、発掘調査の結果から証明されている。では、どうしてこんなに多くの糞虫が井戸底から出てきたのだろうか。想像力を働かせ、奈良時代の郡衙周辺の賑わいを思い浮かべてみる。

往来を行き交う多くの人々や荷馬車、ひしめき合い立ち並ぶ家々。人馬の賑わいは、すなわち多量の排出物を生み出すこととなった。これを求めて飛来した食糞性昆虫たち。その死体は、風などにより利用されなくなった井戸底に落ち込み集積され、やがて糞虫だらけのホールトラップ*となった。

＊ホールトラップ↓ホールトラップ（法）とは、昆虫採集法の一つ。地中に穴を掘り、その中に肉片など入れて、臭いに誘われて集まるムシを集める方法。ホールトラップには、肉片などを入れないこともある。

ゆかりの地を訪ねる

静岡市葵区川合三丁目にある静岡県立静岡東高校から西へ約３００ｍ。現在、県営南沼上住宅が建設されている場所が、ここに紹介した川合遺跡（八反田地区）である。川合遺跡は周辺一帯に展開し、静清バイパス建設にあたっても発掘調査され、多くの成果が得られている。川合遺跡の発掘成果の一部は、静岡県埋蔵文化財センター（静岡市清水区）に展示されている。

5

◉静岡市

教室そのまま博物館

図19　ふじのくに地球環境史ミュージアム

「ふじのくに地球環境史ミュージアム」（愛称：ふじミュー）が、２０１６年3月にオープンした。全国47都道府県で46番目にできた県立博物館ということだ。これで県立総合博物館がないのは、愛知県だけとなった。

館長は、環境考古学の創始者として知られる安田喜憲氏が務めている。福井県の水月湖の湖底堆積物から見つかった一年ごとの縞模様に、「年縞」という名前をつけたのも安田氏である。

この博物館が面白い。廃校になった静岡県立静岡南高等学校の校舎を活用して博物館としたもので、教室や職員室・会議室などがそのまま展示施設に生まれ変わっている（図19）。リニューアルに要した経費は約12億円という。通常の博物館のわずか10分の1でできたことになる（安田、2015）。

たとえば、一階の展示室8（2年生の一教室だった）。窓をふさぎ直射日光を遮ったうえで、黒板に向かって脊椎動物の骨格標本を一体ずつ並べている。展示台として、生徒机をそのまま利用したのも憎い試みといえる。それぞれの分類群の代表格にあたる動物が真っ白の骨になって、黒板を向いてちょこんと座っている。たったそれだけの展示だが、そこが教室というだけで妙にリアルに感じられる。もちろんヒトの骨もあり、一番前の席でまっすぐ黒板を向いて座っている。「生命のかたち」というテーマの展示室である（図20）。

展示室3は、教室の半分の高さまで青く塗りつぶされている。テーマは、「ふじのくにの海」

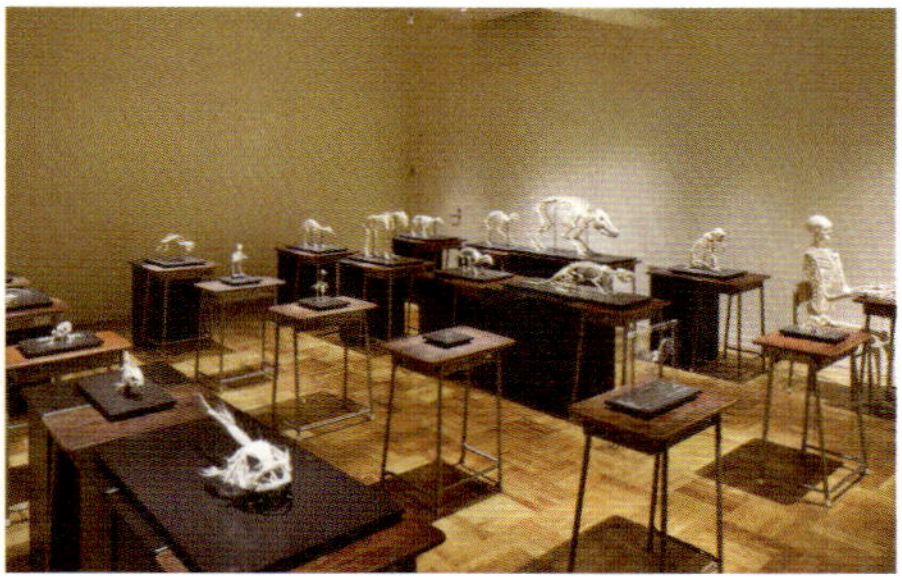

図20 「生命のかたち」ルームの展示風景

図21 「ふじのくにの海」ルームの展示風景

という。机を二段積み、一段目の机を青い海の中に沈めることで、海生生物の世界を演出している（図21）。二段組の机の横に、「殻を見て進化にふれる」とか、「取り除かれる海の恵み」などといった、それを読んだだけでは何のことかわからないタイトルが並んでいて、立ち止まって考えさせる展示となっている。この博物館のコンセプトは、「思考するミュージアム」という。

展示室6は、「ふじのくにの成り立ち」を解説する部屋である。ここでも、博物館にありがちな化石や鉱物をこれでもか、と並べた展示は採用されていない。3つのプレートがぶつかる静岡を紹介し、なぜ日本一高い富士山が静岡県にあるか、南アルプスはどうしてできたか、考えさせる展示室となっている。地形模型の上に置かれた一つずつの石に大きな意味がある。

学校につきものの職員室は南向きでグラウンドに面していて、眺望が良い。この広い空間を利用して図鑑カフェにつくりかえた。駿河湾や南アルプスを一望できる、とても開放的な部屋に生まれ変わっている。校長室や応接室、進路指導室などは、やや広い空間を利用して余裕のある展示スペースに、更衣室だった場所は学校記念室となって静岡南高校同窓生の思い出を振り返る場所として利用されている。この博物館は、その斬新な設計により日本空間デザイン賞はじめ数々の賞を受賞した。

静岡県は、日本で一番高い山・富士山を有し、日本で一番深い湾・駿河湾を有する県である。つまり陸域をとっても海域をとっても、わが国で最も多様な環境が存在する県ということができる。多様な環境が存在する静岡県は、本来日本一多様な生き物が生活する県でなければならない。そうした多様な生き物について調査し、生物を育んだ環境

図22　子ども向けの昆虫採集風景

史を明らかにすることが博物館のテーマの一つになっている。

静岡県は、日本の地質を「東北日本地質区」と「西南日本地質区」に二分する糸魚川－静岡構造線が県中央部を通り、また県西部には大断層である中央構造線が走っている。そのため、県域の地質は大変複雑かつ多様であり、加えて富士山や伊豆半島の諸火山をはじめ新しい火山活動の影響を受けた火山岩類も多数分布している。

ふじのくに地球環境史ミュージアムでは、こうした日本列島の地史に関わるテーマについても力を入れている。地質分野は、堆積相やイベント堆積物を中心に研究している山田和芳教授と、主に津波堆積物についての業績がある菅原大助准教授の担当である。２０１７年には、企画展示室で掛川層群の化石展が開催された。昆虫分野では、ハネカクシの分類が専門で、ヒアリ研究でも知られる岸本年郎教授がいる。子ども向けの体験教室を何回もおこない、昆虫少年・少女の育成に力を入れている（図22）。

展示されている実物資料が少なく文字が小さいため読みづらいという感想もあるようだが、展示された標本が選び抜かれていて、書かれた文字に強いメッセージ性があり印象に残る。一度は訪ねてほしい博物館である。

博物館に行くには

静岡駅北口より直通バスが出ている。ただし、これは1時間にわずか1本、ほかに近くまで行くバスが何本かある。車なら、東名静岡インターより約15分（約6・3㎞）である。博物館の近くには、久能山東照宮や日本平などがある。

⑥ 弥生水田からイネを食う虫

◉静岡市

池ヶ谷遺跡は、賤機《しずはた》丘陵東麓と低地との境に立地し、弥生時代中期から古墳時代を経て古代に至る水田跡が検出された遺跡である。この遺跡は、見かけのうえでは、浅《あさ》機《ばた》低地帯に位置するものの、賤機丘陵を挟んで遺跡西部を流れる安部川の影響を強く受け、安部川が出水するたびに遺跡全体が膨大な砂礫に襲われる。しばらくすると、人はこの洪水砂の上に再び田を切り開き、水稲耕作を営んだ。それをまた、洪水砂礫が覆い尽くす。沈降が続く浅機低地では、こうした人と自然との戦いの歴史が弥生時代以降2000年の長きにわたって繰り返されてきたのである（図23）。

水田遺跡からは、土器や石器などの考古遺物はほとんど発見されることはない。木

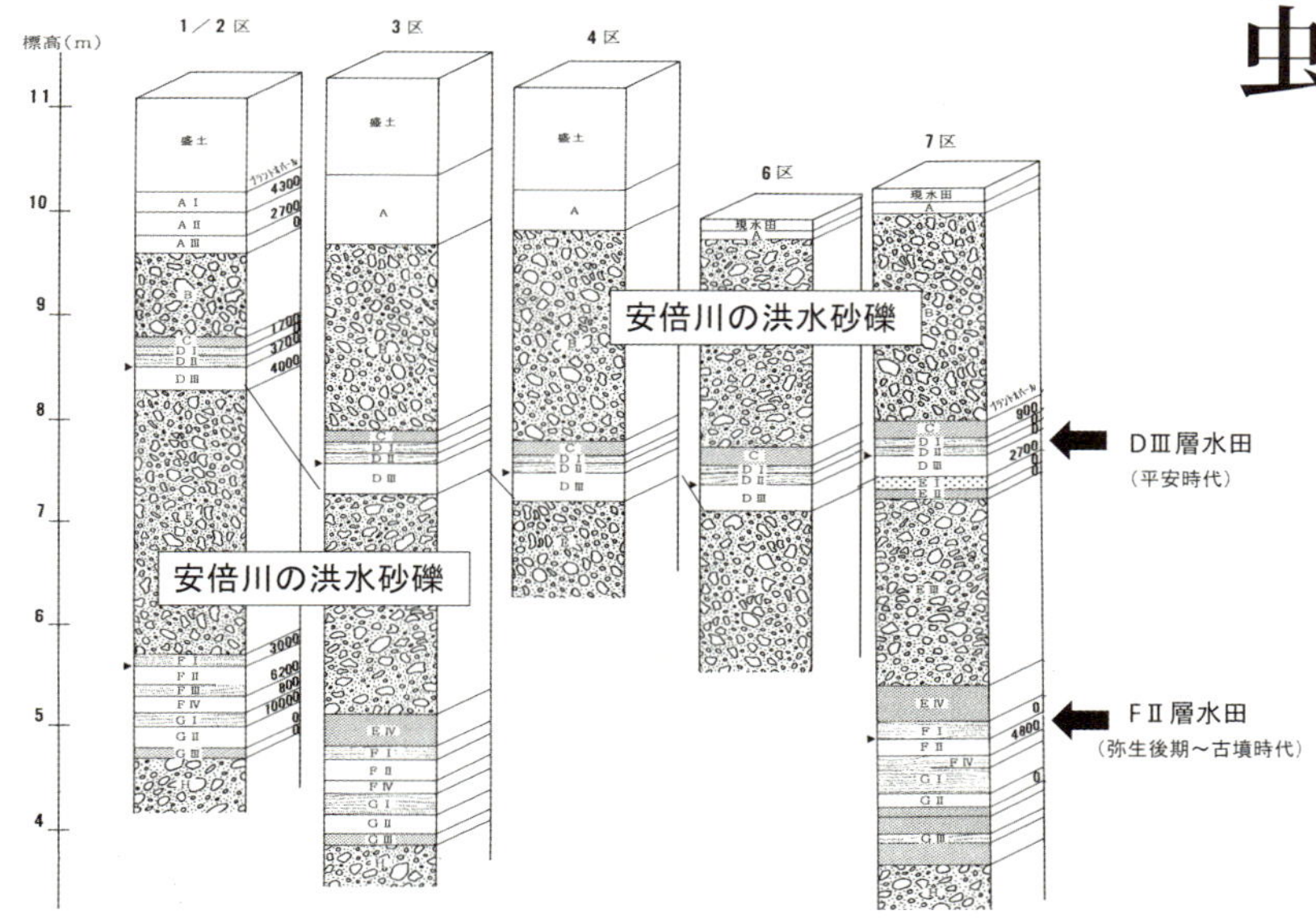

図23　池ヶ谷遺跡の土層断面模式図（静岡県埋蔵文化財調査研究所、1992より）

製農耕具も、当時の人々が水田内に忘れでもしない限り、出ることがない。こうした事情もあって、静清バイパス建設に伴う遺跡発掘では、驚くほど土の中の昆虫に配慮した発掘調査がおこなわれた。池ヶ谷、岳美《たけみ》、上土《あげつち》、瀬名、長崎、川合遺跡と続いた静清バイパス地下の遺跡群の調査では、低湿地における人と自然との関わりをめぐる昆虫考古学に重要な発見が相次いだ。当時、遺跡発掘を担当した木下智章氏はじめ、静岡県埋蔵文化財調査研究所のスタッフの皆さんの協力のたまものである。

図24　池ヶ谷遺跡の水田層から発見されたイネネクイハムシ

弥生時代は、わが国で稲作農耕が組織的かつ大規模に実施されるようになった時代にあたる。米づくりの始まりは、西日本では縄文時代後期や晩期にまで遡るようであるが、弥生時代前期の頃には、日本各地の低湿地に水稲という栽培植物が新しく出現することとなった。

人間がイネの栽培をはじめると、昆虫のうちのいくつかは食性転換し、農業害虫としてイネを加害するようになった。イネネクイハムシ（図24）は体長6・0〜7・5㎜、緑色ないし青藍色の金属光沢を有するハムシの仲間である。成虫はさまざまな水生植物の葉を食害し、幼虫がイネ科植物とくにイネの根を加害する稲作害虫として有名である。イネクロカメムシは体長8・0〜10㎜、半翅目カメムシ科に属する黒色の昆虫で、口吻を茎に差し込んで吸汁・加害する。本種は古くよりイネの大害虫として、水稲に多大な被害を及ぼす昆虫として恐れられてきた。

池ヶ谷遺跡で最初に水稲耕作がおこなわれたのは、今からおよそ2000年前の弥生時代中期のことだった。水田層から発見された昆虫はわずかに7点、この時期、稲作害虫はいまだ水田内に進出を果たしていない。弥生時代後期から古墳時代初頭の水田層（FⅡ層水田）では、イネネクイハムシ（計9点）だけでなく、イネクロカメムシ（計15点）も確認されている。これを覆う古墳時代

図25　池ヶ谷遺跡の平安時代の水田跡（静岡県埋蔵文化財センター写真提供）

の泥炭層（ＦＩ層）からは、稲作害虫にかわって湿地性のキヌツヤミズクサハムシが見つかった。こうした関係は、平安時代の水田層（DⅢ層水田）（図25）でいっそう顕著なものとなり、イネネクイハムシが198点、イネクロカメムシが14点発見されるなど、浅機低地一帯で稲作害虫の大発生があったことが知られている（森、1993）。

水田層からは、稲作害虫とともに中〜小型のオサムシ科甲虫を多産する。ヤマトトックリゴミムシは、湿地や水辺に生息する食肉性の地表性歩行虫であるが、イネネクイハムシやイネクロカメムシを産出する水田層から必ずといってよいほど見つかる水田指標昆虫である。本種は、イネを加害するウンカや鱗翅目の幼虫などを捕食するため、弥生時代以降、水田内に生活圏を拡大したと考えられる。

水田内には、今も何種類かの水生甲虫が生息している。セマルガムシやマメガムシは、日本各地の先史〜歴史時代の水田層から多産し、ヤマトトックリゴミムシ同様、水稲耕作地を特徴づける水田指標昆虫といえる。

水田には初夏の頃から秋口にかけての間、灌漑水で満たされ、毎年それは人間の都合によって突然落水される。稲作の普及とともに、このような人為度の高い水空間が沖積低地のみならず、河岸段丘から丘陵平坦面に至るまで非常な速さで拡大していった。水田生態系の成立期にあたる弥生時代は、低地における生物群集に一大変化が生じた時代であり、この変化は稲作農耕の進展と密接に関連している。

池ヶ谷遺跡の東方に位置する岳美遺跡や上土遺跡は、弥生時代以降近現代に至る水田層とそこに生活した稲作害虫や水田指標昆虫について、わが国で最も計画的かつ組織的に採取できた遺跡として重要である。池ヶ谷遺跡の経験を生かして、昆虫化石の検出に細心の注意を払って実施した。だが、稲作害虫・水田指標昆虫だけでなく他の昆虫においても、産出数や種数など池ヶ谷遺跡を超えるものにはならなかった（森、1999）。その理由の一つに、陸域と水域の接点にあたる池ヶ谷遺跡は、植生だけでなく周辺環境が多様であったと考えられ、結果として池ヶ谷遺跡周辺が昆虫たちのパラダイスになっていたのであろう。

ゆかりの地を訪ねる

池ヶ谷遺跡は、静清バイパス賤機トンネル東方に位置し、県立総合病院（静岡市葵区北安東4丁目）に隣接した静清バイパス地下に眠っている。弥生時代における人々の暮らしや水田稲作などについて知るには、遺跡から南へ約６㎞の場所に国史跡・登呂《とろ》遺跡があり、静岡市立登呂博物館の展示が充実している。

◉静岡市

❼ 山頂に1億年前の海の化石

中学のころだったか、日本の山や川、鉄道名などをやたら覚えさせられた記憶がある。当時、北アルプスは飛騨山脈、中央アルプスは木曽山脈、南アルプスは赤石山脈と教えられた。飛騨や木曽の名は地名に由来する言葉だが、赤石とは何だろうと疑問に思ったものだ。結局、わからないまま成人した。

地質学を勉強したのち、赤石山脈の語源が山々を構成する岩石の色にもとづくものであることがわかり、ようやく謎が解けた。

南アルプスは、北より甲斐駒ヶ岳（標高2967m）、仙丈ヶ岳（同3033m）、北岳（同3193m）、間《あい》ノ岳（同3190m）、農鳥岳（同3026m）、塩見岳（同3047m）、悪沢岳（同3141m）、赤石岳（同3120m）、聖《ひじり》岳（同3013m）など、3000mクラスの山々が連なっている。

日本の山を標高の高い順に並べたとき、一番高いのはもちろん富士山（標高3776m）だが、上位10位の中に南アルプスの山が計4つ入る。2位が北岳、3位が間ノ岳（北アルプスの奥穂高岳と同じ高さ）、6位が悪沢岳、7位が赤石岳と、高さ比べでは南アルプスは日本でもトップクラスの山脈といえる。

南アルプスの山々の多くは県境を兼ねている。甲斐駒ヶ岳と仙丈ヶ岳は西側が長野県、東側が山梨県に属し、県境から離れた北岳は山梨県域に、間ノ岳・農鳥岳は静岡県と山梨県、塩見岳・悪沢岳・赤石岳・聖岳は静岡県と長野県の県境に位置している。悪沢岳は荒川三山に属し、最高峰の東

図26　荒川前岳から望む赤石岳（吉田耕治氏写真提供）

図27　塩見岳全景（吉田耕治氏写真提供）

岳（悪沢岳）は県境から少しそれ、静岡県に属する。

北アルプスも中央アルプスも山体をつくる石のほとんどは、花崗岩ないしこれに類する岩石だが、南アルプスは大きく異なっている。北端の甲斐駒ヶ岳だけが花崗岩、残りはすべて堆積岩の山である。砂岩や泥岩、チャートをはじめ海底にたまった堆積物が固結したものだ。今から1億数千万年～8000万年前の中生代白亜紀にプレートにのって海溝に運ばれグチャグチャに折りたたまれたのち、日本列島に貼り付けられた（狩野、2010）。付加体と呼ばれる。

なかでも南アルプスの山々は、チャートでつくられたものが多い。チャートは、珪酸分からなる放散虫の遺骸が集積した生物起源の堆積岩と、あまり生物起源のものを含まない化学的沈殿岩がある。いずれも水深およそ4000mの深海底に沈積したものである。すべすべした光沢のある岩石である。

赤石山脈の語源ともなった赤褐色のチャートは、赤石岳（図26）周辺だけでなく、聖岳、悪沢岳、塩見岳（図27）などに見られる。赤石山脈におけるチャートの分布面積は砂岩や泥岩ほど多くないが、硬く侵食に強いため登山者の目にふれやすい（図28）。

聖岳の南に位置する光岳《てかり》は標高2592mでやや低いが、太陽光を受け山頂付近（光岩という）が白く光ることからその名がある。この山は石灰岩でつくられていて、中に海に生息したサンゴや二枚貝の化石のほか多くの微化石が含まれる。昆虫研究者の間では、テカリダケフキバッタという高地順応した黒味の強いバッタが住む山として知られる。

図28　悪沢岳山頂付近の赤色チャート（吉田耕治氏写真提供）

南アルプスの山々は、今も盛んに隆起を続けていて、その隆起速度は年間約4㎜という。日本でも最大級の隆起量だ。隆起をはじめたのはおよそ100万年前、年わずか4㎜の隆起でも、100万年経てば4000mを超える山になる。山が高くなると、その分侵食量も大きくなるため、隆起と侵食のせめぎ合いの結果、3000mの山なみが連なる南アルプスができたのである。

山を持ち上げるエネルギーは、日本列島を南東方向から押しつけるフィリピン海プレートのもぐり込み力によって与えられる。南アルプスの山々が高くなることは、すなわち日本列島太平洋岸の地震や火山活動と同じ環太平洋造山帯における営みの一つなのである。

ゆかりの地を訪ねる

南アルプス登山は、山頂までのアプローチが長く初心者には難しい。赤石山脈の語源となった赤褐色のチャートを見るには、大井川上流の椹島《さわら》より赤石小屋をめざして入山する。途中、砂岩・泥岩互層や玄武岩などにまじって、赤色の層状チャートが観察できる。

なお、椹島は現在、車で直接乗り入れができなくなっていて、畑雉《はたなぎ》第一ダムよりバスが出ている。

8 子鉄の聖地で地学散歩

◉川根本町

大井川は、南アルプスの険しい山岳地帯を流れ下り、太平洋に注ぐ大河川である。暴れ川として知られ、江戸のころ東海道を行く旅人には、最大の難所だった。「箱根八里は馬でも越すが、越すに越されぬ大井川」とは、ひとたび大雨が降ると、対岸を前に何日も留め置かれるもどかしさを言ったものである。

かつて、静岡県下きっての秘境だった大井川上流地域は、今、大変なことになっている。大井川を海岸より約50㎞遡ったところに、大井川鉄道の千頭《せんず》駅がある。「機関車トーマス」やSL電車の発着駅として知られる。電車が駅のホームに入る時間になると、カメラや携帯を手にした鉄道ファンでごった返す光景が見られる。電車に乗るのはさらに大変。人気電車は、何か月も前から予約してもなかなか乗れない。

鉄道好きの人を「鉄ちゃん」とか「鉄男」、「鉄子」というのに対して、電車好きの子どものことを「子鉄」というらしい。

金谷駅から千頭までの路線は大井川鉄道大井川線、千頭から井川までは井川線である。SL電車が走るのは大井川線だが、アプト式という珍しい駆動方式のミニトレインが走る井川線は、子鉄の聖地の一つとなっている。

大井川の流路が蛇行するため、千頭に至る鉄道線路は激しくカーブしている。道路も同様である。島田市の朝日段公園は、大井川が屈曲して流れる様子を、眼下に眺めるこ

図29　朝日段公園から望む「鵜山の七曲がり」

とができる場所として知られる。1997（平成9）年、嵌《かん》入蛇行*（穿《せん》入蛇行ともいう）の典型例として、朝日段公園から見る「鵜山の七曲がり」（図29）は静岡県の天然記念物に指定されたが、その後山の斜面に生えた木が成長し、やや見にくくなっている。

　蛇行は、大河川が平野を流れる際、流速が衰え、あっちへ行ったりこっちを流れたり気ままに流れるさま（自由蛇行という）を言ったものである。沖積低地を流れる石狩川の蛇行が有名だが、大井川の蛇行は石狩川の蛇行とは異なり、切り立った河岸をぬうように流れ下っている。

　嵌入蛇行が発達するのは、大井川の流路となっている地域が、現在も隆起していて、かつての流路を下削し続けているからに他ならない（図30）。

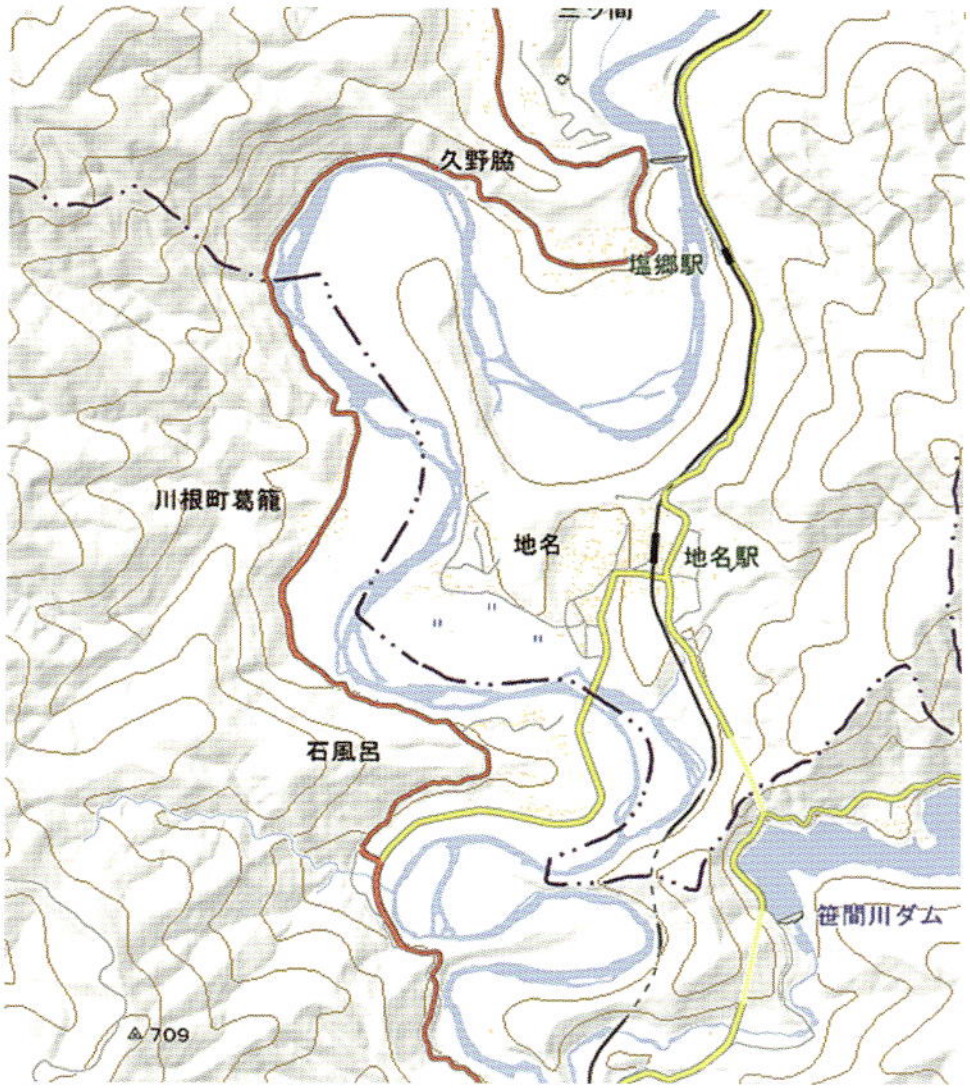

図30　激しく曲流する大井川の河道（国土地理院地図より）

　千頭から北に行ったところに寸又峡《すまたきょう》がある。大井川鉄道では、奥泉駅で下車しバスで30分、車だと千頭から約15㎞、およそ30分で行くことができる。寸又川のダム湖にかかる夢の吊橋は観光名所として有名だが、ここがまたスゴイ状況になっているのに驚く。

　いったいどこから人が集まってくるのかと思うほど、寸又峡の駐車場はいっぱい。紅葉シーズンの休日ともなると、吊橋を渡るのは3時間待ちという。訪れる人々は、断然若いカップルが多い。SNSの普及とともに、インスタ映えする場所、体験型の場所が電波にのって拡散し、信じられないほど多くの人を呼び込んでいる。ちなみに、寸又峡の夢の吊橋は、世界最大級の旅行口コミサイトの「死ぬまでに渡りたい世界の徒歩吊り橋」トップ10に選ばれている（図31）。

図31　寸又峡の「夢の吊橋」。高さ8m、長さ90mで、スリルがある。

図32　接阻峡温泉駅から閑蔵駅にかけての険しい峡谷

図33　接阻峡大橋下の大井川の河床に見られる混在岩（観察には十分注意のこと）。

寸又峡一帯の地質は、砂岩・泥岩互層や一部に緑色岩（玄武岩）で構成されている。付加体に属する中生代白亜紀（約1億年前）の寸又川帯である（狩野、2010）。寸又川帯の地層をダム湖周辺で見ることはできないが、夢の吊橋に至る道路脇に何カ所も露出している。主に砂岩である。寸又峡でハンマーを持って歩くのは違和感があり、大変恥ずかしい思いがした。

千頭駅から井川線で10駅、およそ70分で接阻《せっそ》峡《きょう》温泉駅に到着する。この駅から閑蔵《かんぞう》駅に至る間は、一番のビューポイントである（図32）。川幅が狭まりV字形に切り立った大井川の渓谷美は見事である。ちなみに、「阻」は山の険しい状態をいい、接阻峡とは、山々が接する険しい峡谷地形という意味で名づけられた。地層は、接阻峡大橋下の大井川左岸で観察できる。付加体特有の混在岩**（図33）のほか、砂岩・泥岩などが分布する。

井川まで行くと、大井川は井川ダムにせき止められ、巨大なダム湖になってしまうため、大井川上流部の川の姿を見るのは接阻峡付近までである。

筆者も子鉄に混じって、接阻峡温泉駅から千頭までミニトレインに乗車し、途中、奥大井湖上駅で降りた。大井川が蛇行し島のようになったスペースの駅に停まる電車をねらって、はるか上の道路上から写真撮影する鉄道マニア（「撮り鉄」という）のカメラが何十台も並んでいるのが見えた。

大井川鉄道屈指のカメラスポットということだ。

接阻峡温泉、寸又峡温泉ともに大変泉質が良い。ぜひ宿泊したうえで、地形・地質のみならず、南アルプスをいただく奥大井の雄大な自然をまるごと味わっていただきたい。

＊大井川の嵌入蛇行は、下削《かこく》によって両側の谷壁を対称的に侵食する（掘削蛇行）だけでなく、曲流により谷の横断形が非対称となり（生育蛇行）、ついには蛇行切断を生じている場所があり、大変複雑である。

＊＊**混在岩**↓メランジュとも呼ばれる。プレートの沈み込みに伴って緑色岩や遠洋性堆積物などの外来岩塊（玄武岩や石灰岩・チャート）と、陸源の乱泥流堆積物が複雑に混じり合った岩体をいう。強いせん断応力により片理が発達する。

↓ゆかりの地を訪ねる

寸又峡も接阻峡も、榛原《はいばら》郡川根本町に位置している。川根本町の中央部に、道の駅「フォーレなかかわね茶茗館」がある。建物の2階で縄文時代から続く町の歴史を紹介している。なかでも上長尾遺跡出土の遮光器《しゃこうき》土偶（レプリカ）が目を引く。川根本町は、青森県の亀ヶ岡文化で有名な縄文時代晩期の遮光器土偶が、完全品の形で見つかった最南端の町である。いったい、どのようなプロセスを経て、この地に遮光器土偶がたどり着いたのだろう。なお、土偶の実物は、現在、東京国立博物館に保管されている。

接阻峡温泉駅には、川根本町資料館「やまびこ」がある。長島ダム建設に先立つ環境調査で得られた動植物標本などを展示している。

9

◉磐田市ほか

黒ぼく土人為説を最初に提唱した農学者

図34　加藤芳朗氏とともに見た愛知県諏訪遺跡の黒ぼく土

静岡大学農学部で永く教授を勤められた加藤芳朗氏は、農学者であると同時に土壌学者でもあった。静岡県内の遺跡発掘現場に何度も顔を出され、愛知県の遺跡にも呼ばれて土を調査された。愛知県新城市の諏訪遺跡が、加藤氏との最初の出会いである（図34）。縄文時代の土器片が黒ぼく土から検出されるのを見て、うれしそうな顔をされたのが印象に残っている。１９８７年のことである。

静岡県は日本最大のお茶の産地であるが、静岡茶は三方原台地や磐田原台地、牧之原台地など、主に中期更新世から後期更新世の段丘堆積物の上で栽培されている。中期更新世はおよそ70～15万年前の高位段丘、後期更新世はおよそ15～7万年前の中位段丘と呼ばれる地形面である。こうした地形面の上は、しばしば黒ぼく土で覆われる。

加藤芳朗氏は、黒ぼく土に含まれる植物珪酸体*（図35）に着目し、「黒ぼく土は人為によってつくられた土壌」、という考えを日本で最初に提唱された研究者だった。少し長いが、「静岡地学」（1977）に書かれた氏のつぶやきとも言える一文を紹介しよう。

筆者が珪酸体粒子の存在に気づいたのは１９５５年以前である。静岡県西端の新所原周辺の土壌の中から砂を分離し、顕微鏡観察をしたときである。蛋白石である

図35　磐田原台地の黒ぼく土に含まれた植物珪酸体の顕微鏡写真

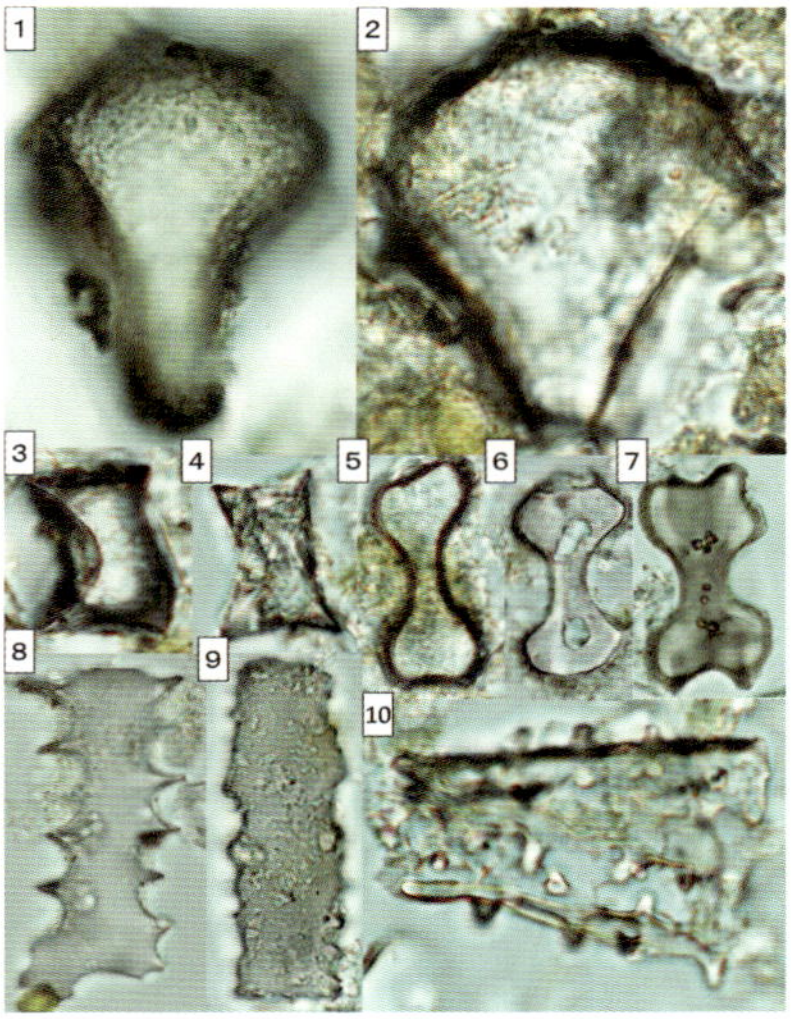

ことはわかったが、まさか植物起源の粒子であるとは夢にも思わず、そのままにしておいた。同じころ、九州農業試験場の菅野一郎氏の研究室でもそれに気づき、それを火山涙と称して、火山起源と考えた。筆者もこれに影響されて、きわめて珪酸質なマグマに由来する火山ガラスの一種として発表した。今から思うと汗顔の至りである。文献によると前世紀にすでにドイツやロシアで発見されていたとのことであるが、今世紀には英国のシンプソンの研究がNature誌に発表されて以来、急に各国からの発表が相次ぐことになった。筆者も実はこれによって開眼したのである。そのときの無念さ、恥ずかしさは今でも覚えている。

この文章に続いて、牧之原台地や磐田原台地、日本平などから採取した黒ぼく土を調べ、中にササ型やキビ型、ウシノケグサ型などの植物珪酸体が含有されること、黒ぼく土が６０００年前以降のものが多いことよりこの期間から現在まで草地植生が継続したこと、遺跡周辺で発見される黒ぼく土は人が植物を焼いた灰が関与しているのではないかなど、多くの重要な研究成果を残している（加藤、1960：加藤、1964：加藤、1977）。

こうした考えは考古学者にはなかなか受け入れられることはなかった。筆者が、東三河地域の段丘堆積物上の黒ぼく土、名古屋市内熱田台地上の黒ぼく土、鈴鹿市・四日市市周辺の黒ぼく土などについて、「愛知県史（自然編）」（森、2010）や「三重県史（通史編）」（森、2016）に、放射性炭素年代や考古遺物、堆積物の層相、地形面対比、植物珪酸体組成などの情報をもとに人為説を紹介したとき、編集委員会で議論になったものである。人口希薄であったはずの縄文時代にそんなに大規模に山焼きなどおこなわれたはずがなく、黒ぼく土が人の営みによって生じたとするには決定的証拠に欠ける、というのが考古学者の言い分だった。

そもそも黒ぼく土の黒さの理由は、土に含有される黒色粒子の色に由来する。この黒色粒子こそが、植物を焼いた炭（微粒炭）なのである。火山灰起源粒子の少なさに加え、母材に共通性が認められないことから、黒ぼく土の生成には、草原植生に由来する腐植の集積が最も大きな役割を演じたことは容易に想像される。そして、森林植生を極相とする日本の気候条件下でこのような多量の腐植生産を可能にするためには、草原的環境の維持に人間活動が深く関わっているとみなさなければならない。こうした観点から、火山灰を供給する火山のない東海地方の黒ぼく土はもとより、火山灰地帯の黒ぼく土についても、人の長年の植生干渉の結果、生成された風成人為土壌である、と考えられるに至ったのである。

阪口（1987）は、「旧石器時代を含め森林・草原混交地帯で展開された野焼を生業の手段とする文化を『黒ボク土文化』と名づけ、黒ぼく土は人為による焼畑や焼狩の結果舞い上がった植物起源の灰や土の粒子などが風塵となり、段丘面上・丘陵平坦面上に堆積・残留したものである」と述べた。

山野井（1996）は、従来言われてきたような火山灰を母材に形成されたとする母材生成説を排し、日本各地の黒ぼく土の成因は、古代人（主に縄文人）の長期にわたる野焼によって生成された燃料炭粒子（微粒炭）の混入に伴う風成ローム層である、とし、これまで火山灰土と考えられてきた真っ黒な土は、縄文人が1万年の歳月をかけてつくり出した文化遺産である、と説いている。

火入れは、今も草木が枯れた春先におこなわれる。日本列島には北西の季節風が吹き荒れ、野山を焼いた灰は台地や平野などを覆い尽くし、ときに厚さ2mを超える黒ぼく土を積もらせた。黒ぼく土は縄文人のたび重なる野焼や焼き狩りに伴ってできた『人がつくった土』だったのである。このことは、加藤芳朗氏により、すでに1960年代に提唱されていた。

＊**植物珪酸体**↓イネ科植物の中に含まれる珪酸（ガラス成分）起源の粒子。プラント・オパールともいう。ススキの葉っぱで手を切るのは、ススキの葉の中にガラス成分でできた植物珪酸体が含まれるからである。ファン型やキビ型など、さまざまな形状の植物珪酸体があり、その形で給源植物が特定できるものもある。

図36　磐田原台地の黒ぼく土

ゆかりの地を訪ねる

黒ぼく土は、静岡県下各地にあるが、加藤芳朗氏ゆかりの地である磐田市で観察するのが一番。東名高速道路磐田インターチェンジを出て、北に走る。磐田原と呼ばれるあたりになると、周りは一面お茶畑になる。茶畑は客土されているらしく、茶畑自体で黒ぼく土を見ることは難しいが、茶畑周囲の家庭菜園はほとんどが黒ぼく土で覆われていることがわかる（図36）。

⑩

◉浜松市・磐田市

平野の地下に砂の造形

図37　遠州灘から打ち寄せる荒波（浜松市中田島）

寄せては返す波。よく見ると、海岸線から少し離れた砂浜に波に打ち寄せられた高まりができている。これが発達したものが、浜堤である。砂の山が主に海側から吹き付ける風によって形成された高まりを砂丘というが、浜堤と砂丘は形態上よく似る。

浜堤は、波に打ち上げられた砂が堤状に堆積することによってできる（図37）。比高最大4～5m、通常は1～2mの高まりであることが多い。浜堤は波の力でつくられるため、海岸付近にしか見られないが、海水面が下がったり土地が隆起すると、海から離れた内陸に海岸線と平行な浜堤列を生じさせる。

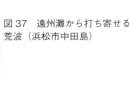

JR東海道本線磐田駅から南方約1㎞に、弥生時代から古代・中世を経て江戸時代に至る御殿・二之宮遺跡がある（図38）。現在、東海道新幹線の線路が通っているところは、遺跡の中心部にあたる。御殿の名称は、徳川家康が鷹狩りの際利用した中泉御殿がこの地にあったことからつけられた。二之宮の地名は、遠江国二之宮が位置したことに由来する。奈良時代には、官衙が位置したという。遺跡の東側に今之浦川が流れ、かつてこの一帯に「今之浦」という名の沼沢地が展開していた。奈良・平安時代のことである。

角江遺跡は、浜松市西区入野町に位置する縄文時代後期から弥生時代にかけての遺跡である。遺跡は、JR東海道本線高塚駅北方から佐鳴湖南岸にかけての場所に展開している。角江遺跡は、新川の河道内に位置するように見えるが、実際には佐鳴湖の湖水をせき止めたとされる入

図38　御殿・二之宮遺跡の上に位置する二之宮保育園

野町から西鴨江町に延びる微高地（第一浜堤）上にのっている。

まずは、御殿・二之宮遺跡の調査で確認された埋没浜堤について。遺跡発掘と並行し深掘り調査やボーリング調査、周辺遺跡の基盤層などが調べられ、以下の事実が明らかになった。御殿・二之宮遺跡は、海から最も離れた浜堤（第一浜堤）上に位置していて、第二浜堤はこれより1・5km南方の大之郷付近、第三浜堤はさらに約1km南の鮫島集落から塩新田を結んだライン上にあり、高まりの上には古墳時代の遺物や遺構が確認された浜辺遺跡が立地している。

次に、御殿・二之宮遺跡で確認された浜堤の生成時期について。浜堤前面および浜堤背後に堆積した腐植質シルト層の放射性炭素年代を測定し、以下のデータを得た。前面の腐植質シルト層では、4460±80yrsBPはじめ4点の年代値（森、1995）、背後の堆積物からは、4820±100yrsBPなど3点の年代値（森、1991）が求められた。また同遺跡の浜堤下位の砂層からは縄文時代前期末を示す十三菩台式土器片（森、1991）、および縄文時代中期中葉の勝坂式土器片（森、1995）が発見されている。これらの放射性炭素年代値と考古遺物が示す年代は、御殿・二之宮遺跡周辺において、今からおよそ4500～5000年前の縄文時代中期のころ、気候寒冷化に伴う海退期が認められ、浜堤の形成が促進された可能性を示している。

一方、角江遺跡は、三方原台地南縁の崖下に発達する第一浜堤上に立地している。第一浜堤の生成時期に関連し、角江遺跡からは縄文時代後期の土器片が確認されたのみであるが、同じ浜堤上に位置する梶子北遺跡より縄文時代前期末～中期初頭の礫群遺構が検出されていて、その生成は少なくともおよそ5000年前に及び、御殿・二之宮遺跡の第一浜堤と同時期のものと考えられる。

第一浜堤では、これを切る縄文河道の最下部より海～汽水生のオオノガイや汽水生のヤマトシジミ、同じ地層から海生珪藻が検出され、第一浜堤ができたのちもしばらく海の影響を受ける時期が

図39　遠州大砂丘の高まりと風紋（浜松市中田島）

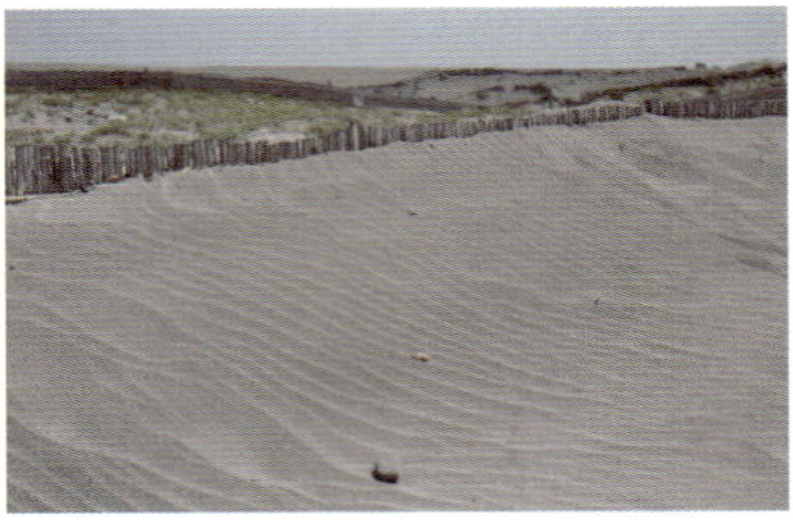

継続した。なお、角江遺跡では、遺跡南部で第二浜堤の存在が確認され、これを侵食する堆積物の上部よりカワゴ平火山灰層（約3000年前）が発見されていて、第二浜堤の生成は、3000年前より古いものであるとわかっている（森、1996）。

浜松市西部の浜堤列とその生成時期に関しては、より詳細な研究成果と較正年代値も公表されている（佐藤ほか、2016）。最も内陸に浜堤IおよびII、少し間隔をおいて浜堤IIIおよびIVが、そして最も海側に浜堤VおよびVIが位置していて、このうち浜堤VIは現在の海浜を含む遠州大砂丘（図39）にあたる。一方、浜堤の生成時期については、海～汽水域の形成期と淡水化が成立した時期を分けて示し、浜堤IおよびIIはおおむね縄文海進期（8000～7000calBP）に汽水域、3200calBP頃よりのちに淡水域となり、浜堤IIIおよびIVは4000calBP頃に潟湖ないしは汽水域、最終的に2000calBPに現在のような淡水湿地となった、とされている（佐藤ほか、2016）。

遠州灘沿岸の浜松市や磐田市は、天竜川が運んだ砂の上に発達した町だが、同時に打ち寄せる波によって生じたわずかな高まりがもとになって築かれた縄文時代に遡る町でもある。これらの町の地下には、浜堤と呼ばれる砂山が何列も隠れている。

ゆかりの地を訪ねる

御殿・二之宮遺跡の浜堤に関する成果は、主にJR東海道本線磐田駅南側、新幹線に隣接する市立二之宮保育園の建て替え工事に伴う発掘調査で得られたものである。遺跡の説明板は、御殿遺跡公園（同市中泉2270）に掲げられている。また、角江遺跡は、佐鳴湖を訪ね思いをはせるのが良いだろう。遠州大砂丘は、浜松市から御前崎市の間の海岸部なら、どこでも観察できる。

愛知県

◉東栄町

1 熱帯性クロツヤムシの化石

学生時代、ボルネオ島内陸のかつての首狩り族の村に友人（次に紹介する横山良哲さんである）と二人で1カ月間滞在し、昆虫採集をおこなったことがある。ジャングルに入ると、中は薄暗くひんやりしていて、予想外に静かだった。色鮮やかなチョウが木立の上を舞っていたが、これを捕まえることはついにかなわなかった。

ふと足もとを見ると、倒れた木の上をクワガタムシに似た真っ黒のムシが数多く歩き回っていた。それを手づかみで捕まえ、無造作に毒びんに放り込んだ。帰国後、大量の防虫剤とともにスチール缶に入れ、その存在を長い間忘れていた。50年も前の標本である。このムシが、日の目を見るとは思ってもみないことだった。

図1　ツノクロツヤムシ（熊本県産）

クロツヤムシは、クワガタムシに似た昆虫である（図1）。といっても、その名を知る人は少ない。つやのある黒色の甲虫だが、カブトムシやクワガタムシのように立派なツノがあるわけでなく、ホタルのように光るわけでもなく、人気のない目立たないムシだ。日本産クロツヤムシの大きさは、わずか2～3cm。四国と九州の一部の山の中の、ブナ林でひっそりと生活している。

クロツヤムシに属する昆虫は、現在の日本には一属一種ツノクロツヤムシだけが生息している。このムシが面白い暮らし方をする。雌雄一対で倒木の中にトンネルを掘って「小さな家」をつくり、子どもを育てながら家族単位で生活する。

❶

❷

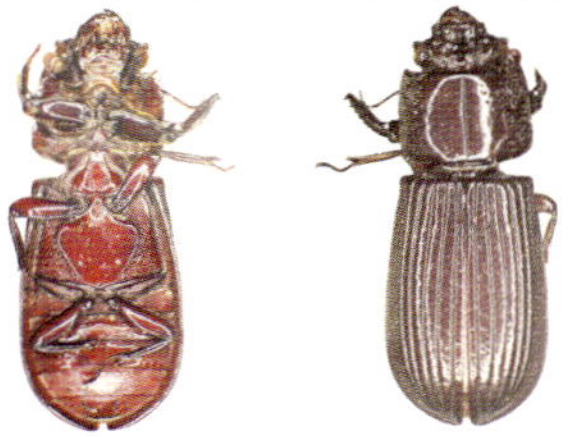

図2
1　クロツヤムシ亜科の一種（19mm）
胴体の右側にハネがとび出ているのに注意。
2　マラッカヒラタクロツヤムシ（20mm）
左：腹面、右：背面（森勇一採集、近雅博氏同定）

クロツヤムシが、こんなライフスタイルをどのようにして獲得したか、それも大変興味のあることだが、このムシの仲間がたった一種だけ、どうして日本に分布するに至ったのか。そこには、1億年以上にわたる壮大な地球の物語が秘められている。

謎を解き明かす鍵を握るクロツヤムシの化石が、愛知県東栄町の柴石峠から発見された（図2）。柴石峠には、設楽層群南設亜層群大島川層が分布していて、化石は大島川層に挟まれる凝灰質泥岩から採集された。昆虫化石を含む地層は、中期中新世に堆積したとされ、日本列島が未だ大陸の一部であったころのもの。およそ1700万年前のことである。

クロツヤムシの分布は、典型的な汎熱帯分布を示し、中生代に南半球に存在したゴンドワナ大陸上の祖先種が、中生代ジュラ紀にはじまる大陸の分裂と移動を経て、各陸塊に隔離され、多くの固有の属に分化した。大陸分裂の開始時期は、1億8000万年前にも遡る。

そののち、東南アジアでは、クロツヤムシ亜科に属するオオクロツヤムシやヒラタクロツヤムシの仲間が大繁栄し、また南米では同じくクロツヤムシ亜科の中のオバケクロツヤムシの仲間が爆発的進化を遂げた。新生代新第三紀のことである。

さて、柴石峠から発見されたクロツヤムシの化石。その化石が、現在日本に生息するツノクロツヤムシと決定的に異なるのは、左ばねに飛ぶハネ（後翅）が認められることである。ツノクロツヤムシは上翅が癒合し、ハネを開くことができないが、1700万年前、日本に生息したクロツヤムシは、飛んでいたのである（森・松岡、2016）。

ボルネオ島で採集したマラッカヒラタクロツヤムシという名の熱帯

性のクロツヤムシと比べてみると、東栄町標本は大きさ・形態ともに酷似する。詳しい共通点については ここでは述べないが、驚くほどそっくりである。それは、今日、熊本県や高知県の山奥に生活するツノクロツヤムシとはずいぶん隔たっている（森、2016）。

東栄町から見つかったクロツヤムシの化石は、1700万年前の日本列島が熱帯ないし亜熱帯のような気候下にあったことを、物言わず語りかけている。ボルネオのジャングルで見たあの真っ黒いムシのように。

＊　＊　＊

2017年12月、マチュピチュ遺跡を旅行した折り、インカ道を登山した。石畳の上に、黒いムシが転がっていた。このままでは人に踏まれる。とっさの判断で拾い、フィルムケースに入れた。夕食時「森先生、ものすごい早業でしたね」と同行の旅行者。見られていたのだ。「日本人世界遺産で昆虫を採集」と報道されてはまずいし、ツアーを企画した旅行会社に迷惑をかけてもいけないと反省し、翌朝、林道脇の森の中にムシの死体を戻した。帰国してムシ仲間にこの話をすると、「世界遺産でも公道上は一概にダメということにはならない。森先生、惜しいことをしましたね」

このムシこそ、1700万年の昔、南米ペルーまでたどり着いて進化をとげたオバケクロツヤムシだったのである。

ゆかりの地を訪ねる

クロツヤムシの化石が発見された柴石峠は、東栄町・設楽町ともに天然記念物に指定されていて、立ち入りは難しい。クロツヤムシの化石は、豊橋市自然史博物館の新生代コーナーに常設展示されているので、観察することができる。

②
◉新城市

医王寺の住職　岩脈追跡に躍動

1575（天正3）年、武田勝頼率いる武田騎馬軍団と織田・徳川連合軍が雌雄を決したのが長篠の戦いである。決戦前夜、武田軍は曹洞宗の名刹である医王寺に本陣を置いた（図3）。医王寺の住職である横山良哲さんは、私の古くからの友人である。

彼は生物学を専門としたが、少年時代鉱物採集に熱中し、三河地方に分布する岩石や地層について調べ、『奥三河1600万年の旅』、『きらめき鉱物・化石ガイド』（いずれも風媒社）をはじめ、数多くの地質学に関わる著作を残している。鳳来寺山自然科学博物館の館長を長く務めた。残念なことに、2011年に他界した。

図3　武田勝頼が本陣を置いた医王寺

横山氏の研究成果の一つに、東三河一帯に分布する安山岩岩脈*の調査がある。県立高校に勤務していた浦川洋一氏（のちに校長）とたった二人で山中に分け入り、岩脈がどの方向にどこまで続いているか、崖を登り沢を下って調査した。尾根や谷に見られる岩脈露頭の中で、幅が5m以上あるような大きなものを選んでこれを鍵岩脈とし、鍵岩脈の走向に沿って周辺地域を徹底的に追跡する方法で岩脈調査にあたった。

新城市川合にある岩脈は、幅約10m（最大幅は20m）、比高260m、総延長約2・9kmに達する大岩脈である。地元ではこの岩を岩脈とは認識せず、一枚の障子戸を立てかけたと見立て、障子岩と呼んだ。横山氏らはこれが安山岩の岩脈の一部であることを確認し、障子岩岩脈（図4）と命名している。調査には山の頂上からザイルを下ろし、命の危険に

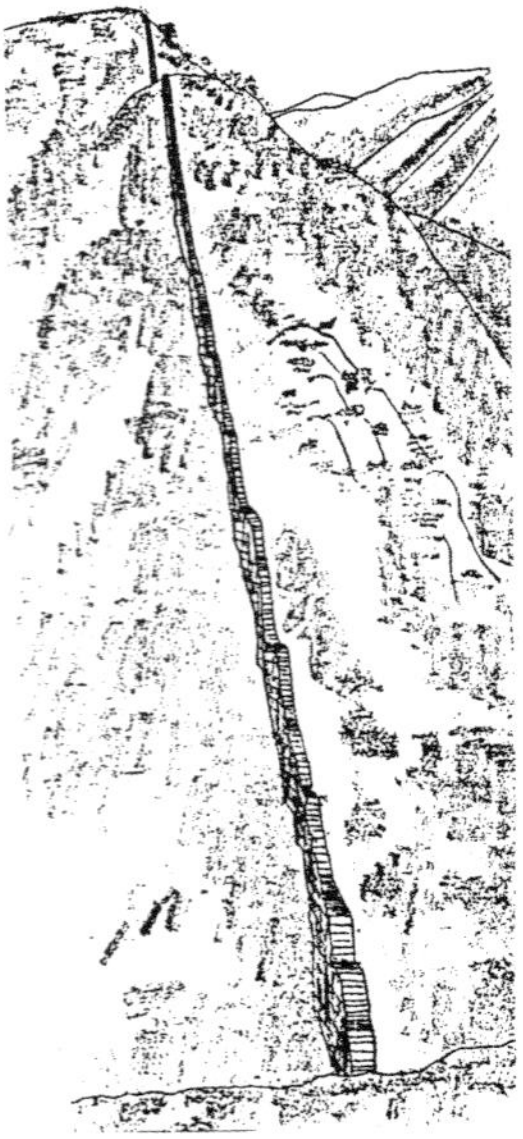

図４　障子岩岩脈の露頭スケッチ（浦川・横山、1988より）

さらされながらよじ登った、という。わが国最大規模の岩脈の一つだ。

岩脈というと、新城市豊岡の「馬の背岩」が有名だが、これは流紋岩質凝灰岩に安山岩が貫入したものである。かたちの面白さもあって、１９３４（昭和９）年、はやくも国の天然記念物に指定された。宇連川河床に最大幅５ｍ、南北約１３０ｍ延長される立派なものだが、この岩脈は二人が調べた中ではせいぜい中型ないし小型程度であるという。

調査によって確認された岩脈数は、鳳来湖周辺で十数本、大小すべてを含めると数百本は下らない（浦川・横山、1985）。岩脈の延長方向はほぼすべてが南北、一部に北東－南西方向に延びるものもあった。岩脈をつくる岩石はほとんどが安山岩であり、一部に玄武岩も含まれた。安山岩脈は、江戸時代には日本刀を研ぐ砥石に利用され、障子岩周辺は「三河白」とされる有名な砥石産地として知られた（横山、1987）。

岩脈がどのようにしてできたかについても、言及している。岩脈の方向はその地域に働く応力場に支配され、水平最大圧縮応力軸に平行な方向に割れ目ができる。固めのチーズブロックを上下に圧縮したとき、縦に割れ目ができるのにたとえた。プラスチック試験片を圧縮する光弾性実験もおこなった。こうして東三河地域に、一時期強い南北性の圧縮力が加わったことにより割れ目ができ、そこに安山岩マグマが一斉に貫入したと考えた（浦川・横山、1988）。

愛知教育大学地学教室の星博幸氏は、岩脈の年代測定だけでなく、安山岩が貫いた北設亜層群と南設亜層群の古地磁気について研究をおこなった。北設亜層群に記録された古地磁気の偏角が真南

図5　日本海の観音開きモデル

から西へ約30度時計回りに偏向しており、また南設亜層群の偏角がほぼ南北方向(南北から時計回りに約10度偏向)であったことから、北設および南設両亜層群が堆積する間に、およそ20度の時計回り回転運動が生じた(星ほか、2005)とした。

北設亜層群のフィッション・トラック年代は17.9±2.4Ma、17.6±6.0Ma＊＊(松岡・森、2006)、一方、南設亜層群のフィッション・トラック年代の最も新しい値は14.1±0.6Ma(星ほか、2006)と測定されている。その結果、西南日本が20度回転するのに300～400万年を要した(星ほか、2005)という。

こうした考え方は、近年、広く受け入れられており、東北日本が西日本とは逆に反時計回りに回転することにより、大陸から日本列島が離れ、今日の日本海が誕生したとされている。観音開きモデルの日本海誕生説である(図5)。安山岩脈の追跡に命を燃やした横山さんなら、目を輝かせてこの話を聞いたことだろう。

＊**岩脈**→周囲の地層を急傾斜に横切る形で、板状に貫入した岩体。平行に層状に貫入したものを岩床という。

＊＊**Ma**→Mega annum(百万年前)の略。主に新第三紀中新世から鮮新世の年代を示すときに使われる。

➡ゆかりの地を訪ねる

安山岩脈の一つ「馬の背岩」は、宇連川河床にて観察できる。障子岩岩脈は見学のための遊歩道はないが、近くまで接近することはできる。北設亜層群の堆積岩から発見された化石や横山氏が少年時代集めた鉱物などは、新城市門谷にある鳳来寺山自然科学博物館に展示されている。

❸

◉佐久島

ぐにゃぐにゃの地層はどうしてできたの？

図６　新谷海岸のムラサキ色の砂浜

三河湾に浮かぶ佐久島。アートの島として知られ、芸術家の卵や若者などに人気の高い観光地である。渡船場の一つ東港で降りて、南に向かう。筒島を右手に見ながら海岸に出ると、新谷海岸だ。「恋に効く、日本でひとつだけの紫の砂浜」として、売り出している。行ってみると、砂浜にハートの絵や昔懐かしいあいあい傘の下に「ひで」「ひろみ」などの文字が描かれている。海岸の砂がほんのり紫色に染まり、あまり見たことのない砂浜が展開している。ムール貝の殻が細かく砕けたものが混じった色ということだ（図６）。

新谷海岸から海岸を北に進むと、海ぎわに地層が露出している。師崎層群日間賀層に属する堆積岩類である（図７）。師崎層群は、主に知多半島の先端部に見られる海成層。日間賀層・豊浜層・山海層・内海層と整合に重なっている。日間賀層は師崎層群の最下位にあたり、日間賀島と佐久島にのみ分布する一番古い時期の堆積岩である。１９００〜１７５０万年前のもの（糸魚川・柴田、1992）とされている。

ここの地層が変わっている。何とも形容しがたい不思議な形をした堆積物に目が釘付けになる。上位の地層は平行に堆積しているのに、目の前の地層は波打ち、ぐにゃぐにゃに変形している（図８）。層間褶曲という。どうして、このような異常な変形が生じるのだろうか。

愛知教育大学で、主に新生代の堆積岩や化石を調査した林唯一先生は筆者の恩師の一人

図７　日間賀層の砂岩・泥岩互層

図８　ぐにゃぐにゃに変形した地層

だが、層間褶曲にこだわり佐久島や日間賀島に何度も足を運んでいる。

林先生命名による「揺変《ようへん》性層間褶曲」という地学用語は、佐久島などに見られる褶曲を言ったものである。難解な言葉だが、その意味は7文字の漢字の中に示されている。

林研究室で学び、愛知県内の小中学校で教師・校長などを勤めた二村光一氏が、このほど佐久島の堆積物に見られる変形構造のしくみについて、解釈を試みた（二村、2018）。その説明に耳を傾けてみよう。

目の前の砂岩と泥岩の互層は、昔の海底に堆積した地層断面を見ていることになる。まずは、「ぐにゃぐにゃの地層」から少し離れた所から観察することにしよう。地層の下部は黒っぽく、上部は白っぽく見える。それは下部が砂岩と泥岩の互層であるのに対して、上部は凝灰質（火山灰などが混ざる）の砂岩と泥岩の互層になっているため、色が異なって見える。つまり、「ぐにゃぐにゃの地層」は、地層を構成する素材が大きく変化する境界部分にあたることがわかる。

砂と泥の地層は厚く堆積し、地下深く埋没しても水を含んだ状態に保たれている。そこに地震動が加わると、素材が異なる部分に大きな影響を与える。水を含んだ砂層は、激しい振動により砂の粒子間の結合が切れて液状化する。次に、砂の間に閉じ込められていた水が、どこか逃げ道を見つけようとして右往左往する。そのとき、対流が起こり、「ぐにゃぐにゃの地層」をつくる。「コンボリュート葉理」とも呼ばれるものだ。

地震の時には地盤の液状化が発生し、「噴砂」という地下から砂を含んだ流体が地表に噴出する現象が知られている。１９６４年の新潟地震や２０１１年の東日本大震災のとき、河道周辺や海岸部の埋め立て地で地盤の液状化が見られた。

噴砂も、この場所で観察することができる。地層を切って上に延びる砂岩の小さな脈（幅1㎝、高さ10㎝ほど）ができている。下位の地層から上位の地層へ、余分な水が抜け出した証拠といえる。地表（海底）では噴砂として噴き出すことができるが、地下深くではそれができない。その結果、流出した水が泥層など水を通しにくい地層に阻まれ、泥層の下に水の膜をつくることになる。しかし、いつまでも水を蓄えることはできないため、さらに上位の地層を突き破って流出する。ここでは一時的にできた水の膜がすべり面として働き、「ぐにゃぐにゃの地層」の頂部を、あたかも切断したかのような現象が見られる。

このようにして地層中の余剰な水分が失われ、長い年月をかけ硬い砂岩や泥岩となっていくのである。目の前の「ぐにゃぐにゃの地層」を含む崖は、昔の海底下で起こった地震の化石。とても貴重な地層なので、極力壊さないよう、ぜひ多くの皆さんに見てほしいものだ。

ゆかりの地を訪ねる

佐久島へは、三河一色漁港のさかな広場より高速船が出ている。およそ30分で渡ることができる。島の中は歩いてまわることもできるが、貸し自転車を利用し新鋭彫刻家の作品を見ながらのサイクリングが楽しい。海岸の地層見学は、干潮時でないと観察が難しい。

④

◉名古屋市守山区

見どころ満載の地学スポット東谷山

図9　名古屋最高所の東谷山

東谷山は、名古屋市守山区と瀬戸市をまたいでそびえる名古屋市最高峰の山である（図9）。最高峰と言っても標高は198・3mしかなく、中区栄のテレビ塔の180mよりわずかに高い程度。だが、この山は大変奥が深い。

まずは、動植物の豊富さについて。東谷山周辺は、愛知県自然環境保全地域に指定されていて、自然度の高い植生が残されている。その一例では、東海丘陵要素植物として知られるシデコブシやシラタマホシクサなどが山麓の湿地に数多く生育している。加えて、近年名古屋市内ではめっきり減ったサワガニがいて、ほ乳類ではニホンカモシカやアカキツネ・ニホンリスなども発見されている。

歴史資産では、東谷山一帯に展開する志段味古墳群の存在が知られる。東谷山山頂に4世紀前半に築かれた尾張戸古墳、散策路の途中に中社古墳と南社古墳、東谷山の西側には国指定史跡志段味大塚古墳が位置している。名古屋市内に約200基ある古墳のうち、およそ3分の1にあたる66基が東谷山周辺に集結しているのだ。

もう一つの歴史資産は江戸時代のもの。散策路からややはずれた場所に、矢穴痕が残る巨石がそこかしこに転がっている。1610（慶長15）年、徳川家康に命じられた西国大名が名古屋城の石垣用材を求めて、東谷山から石材を切り出した。東谷山は、石材産地としても利用価値があった。今、東谷山にあるのは、残石と呼ばれ、運ばれなかった方の石である

図10　名古屋城の石垣用材に利用しようとした花崗岩

図11　散策路に露出するホルンフェルスの岩塊

（図10）。

最も重要なのは、地学スポットとしての東谷山。ここの地質が複雑である。市内最高所として存在できたのには理由があり、そこに硬い岩石が分布していたからに他ならない。硬い岩石の一つは花崗岩、苗木花崗岩（伊奈川花崗岩とも）と呼ばれる正長石の斑晶が目立つ黒雲母花崗岩である。散策路の西側に分布している。この石が、名古屋城の石垣用材として用いられた。

もう一つの岩石は、砂岩や泥岩・チャートなどからなる堆積岩類。いわゆる付加体の岩石である。当時の海底に堆積したもので、散策路の東側に分布している。砂岩・泥岩ともに、ホルンフェルス*化している。花崗岩は中生代白亜紀（約8000万年前）、付加体の岩石は中生代ジュラ紀（約1億5000万年前）のもので、両者は貫入関係か断層で接しているはずであるが、東谷山でそれを確かめることは難しい。

フルーツパークの駐車場に車を停め、散策路を登りはじめると、道のところどころにごつごつとした石が飛び出している（図11）。いかにも異様な感じだ。礫はホルンフェルスのように見える。これが何ものか疑問に思っていたところ、名古屋の地質に詳しい村松憲一氏が「名古屋地学」に瀬戸陶土層ではないか、と書いた（村松、2018）。基質の部分が石英砂で構成されているのが瀬戸陶土層に似ているという。瀬戸陶土層は、不淘汰の角礫岩層を含みおよそ700万年前に堆積したものだが、主体はもう少し時代の新しい粘土層で構成されていて、瀬戸物の原料にされる。この礫は、あるいは新第三紀中新世の品野層であるのかもしれない。

ほかに東谷山周辺には、東海層群の砂礫層やシルト層が分布している。矢田川層猪

図12　東谷山南麓湿地におけるボーリング風景

高部層に属する地層である。今からおよそ２５０〜３００万年前の新第三紀鮮新世の河川成堆積物だ。ほかに高位段丘や中位〜低位段丘に位置づけられる段丘堆積物（砂礫層）が見られる。東谷山は、狭い範囲にいろいろな時代のものが凝縮され、魅力いっぱいのジオスポットなのである。

東谷山の南麓にシデコブシ咲く湿地がある。湿地の成因は、東海層群の砂礫層に浸透した水が不透水層（シルト層）の上をゆっくりと流れしみ出したもの、と考えた。東海層群は湿地の西側に分布するものの、湿地の成立に関わっているかどうかはよくわからない。

図13　ボーリング試料から発見された昆虫化石

東海層群が湿地の地下にあるのかないのか、確かめるのを目標に、２０１７年5月ボーリング調査を実施した（図12）。予想に反し、東海地方の湿地としては珍しく２ｍを超える深さまで掘り進むことができた。深度１・５ｍまでは黒灰色の腐植質シルト層、その下位は主に砂層や砂礫層で構成されていた。年代測定をおこなうと、深いところでは１８００〜２０００年前という年代値が得られ、東谷山の湿地が弥生時代や古墳時代にまで遡り、古くから存在したものであることが確かめられた（東谷山湿地調査研究会、2019）。

ボーリング試料を用いて、いろいろな分析をおこなった。花粉分析では、コナラやカシ類が優占する林からマツが増加する時代を経て、今日の湿地へと変遷した様子がわかり、また昆虫分析では下位の地層からクロカナブンやカナブンなど落葉広葉樹林の樹液に集まる昆虫、中部の地層からアオハナムグリ・コアオハナムグリ・ツヤエンマコガネ・ヒメドロムシの仲間など、周辺環境が多様であったことを示す多くの昆虫が発見された（図13：森ほか、2019）。最上部ではツヤネクイハムシやフトネクイハムシ・スジヒラタガムシなど湿地を特徴づける昆虫類（森ほか、2019）が見つかるなど、多くの研究成果が得られている（東谷山湿地調査研究会、2019）。

＊**ホルンフェルス**↓低温条件でできた砂岩や泥岩などが、花崗岩マグマなどが貫入した熱の影響を受け、鉱物組成が変化した接触変成岩。緻密で固い特徴があり、ドイツ語のhorn（角）とfels（岩石）が語源である。

ゆかりの地を訪ねる

東谷山へはＪＲ中央本線高蔵寺駅から歩いて15分。東谷山フルーツパーク駐車場より散策路を登る。愛知県の自然環境保全地域に指定されているのでハンマーでたたくことはできないが、散策路から花崗岩やホルンフェルス化した砂岩などを観察することができる。志段味古墳群の見学では、体験型博物館「体感！しだみ古墳群ミュージアム」が２０１９年にオープンする。

⑤ 藻塩の浜

◉東海市

図14　奈良時代の製塩土器片（東海市松崎遺跡）

「来ぬ人を待つ帆の浦の夕なぎに、焼くや藻塩の身もこがれつつ」

高校時代、国語の授業で学んだ百人一首の中の歌。ほかでもない選者である藤原定家の作である。いくら待っても来ない人を待つ私は、松帆の浦の夕暮れ時に焼く藻塩の煙のように、身も心もじりじりと焦がれているのです、と女心を詠んだ。つれない恋人を待つ、主人公海女おとめのときめく心を、藻塩の煙に重ねたところが高く評価されている。

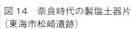

知多半島の付け根・愛知県東海市に松崎遺跡という奈良・平安時代の遺跡がある。薄手の土器片（図14）と、角状の特異な形の土製品が出る遺跡として古くより知られる。土器のかけらが層をなして大量に出土しそれが赤く焼けていて、同時に燃料に使ったと考えられる炭片とともに廃棄された状況から、塩づくりがおこなわれたムラとされてきた。

塩は、その昔、海藻に海水をかけて干し、乾いたところで焼いて水に溶かし、さらに煮詰めてつくったという。藻塩式製塩法である。万葉集にも「藻刈り塩焼き」、「朝なぎに玉藻刈りつつ夕なぎに藻塩焼きつつ」、「玉藻刈る海少女」など、藻塩法を思わせる記述があり、塩をつくる際の海水濃縮の過程で、海藻を利用したのではないか、と推定されてきた。煮詰めるのに使用したのが、製塩土器。奈良・平安のころ、知多半島は、塩の一大生産地だった。平城京跡では、知多地域

図15　製塩土器片の器壁から検出された海藻付着珪藻

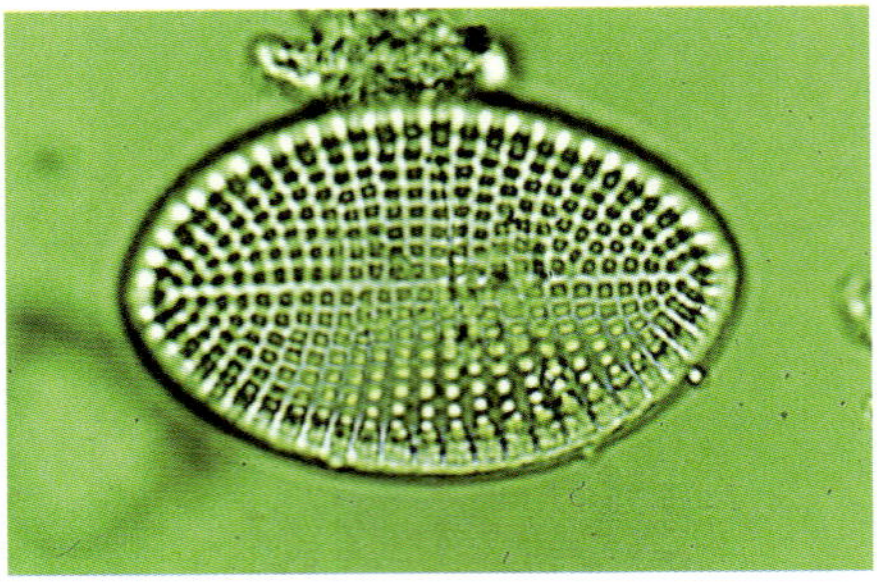

から塩が運ばれたことを示す木簡も見つかっている。だが、肝心の塩は土に埋もれたのち溶けてなくなってしまい、藻塩法による塩づくりの実態はよくわかっていなかった。

製塩土器が海水を濃縮する過程で使われたとしたら、土器の器壁に、当時の海水中に生息したケイソウがこびりついて残っているかもしれない。研究の動機は、古代の知多の海の環境を探るためだった（森、1989）。製塩土器を超音波洗浄機にかけ、たたき出した試料を顕微鏡で見ると、海藻に付着して生活するケイソウが発見された（図15）。塩づくりに海藻が深く関わっている、と確信した瞬間である。研究は、その後予想外の方向に進展し、結果、藻塩式製塩法の解明に結びついたのである（森、1991）。

冒頭の歌を改めて詠んでみる。海辺の情景やたなびく薄煙、時間経過とともにざわめいてくる海女おとめの心の動きなどが伝わってきて、「ああ、こんな歌だったんだ」。次の瞬間、高校時代苦手だった古文の師の顔が浮かんだ。

＊　＊　＊

私は、愛知県立熱田高等学校を卒業した。当時の古文の教師は、永田友一先生。永田先生は、とにかく熱い先生だった。先生は、放課の間、廊下に立っていて、始業のチャイムが鳴りはじめると同時に教室へ入場し、チャイムが鳴り終わる前にすでに授業が始まっていた。大きな声、眼鏡の中の厳しい眼差し。みんな震え上がっていた。古文がまるでわからなかった私には、苦しい50分間だった。「百人一首を覚えてくるように」というのが、冬休みの宿題だった。休み明けに、百人一首取りの大会が開催された。たった2枚しか取れなかった私だが、その中に「来ぬ人を……」の歌が入っていたのは、どうした偶然だろう。高校生のころには、歌の意味をまったくわかっていなかったのに。

＊　＊　＊

製塩土器について、状況証拠から、それが塩をつくるために使用されたものらしいと言われてきたが、確かめる方法はなかった。1991年、製塩土器から海藻付着珪藻が検出されたことを記した拙稿が、考古学雑誌に掲載された。これは、製塩土器が塩づくりの土器であることを証明したわが国最初の論考であった。藻塩式製塩法も、次にくる塩田法や枝条架式製塩法も、つまるところ海水からいかにして濃い塩水を集め、それを煮つめて効率よく塩をつくるか、という技術である。日本の土器製塩が、もし藻塩法を用いていなかったら、製塩の実態が解明されるのは、さらに遅れたことだろう。

ゆかりの地を訪ねる

松崎遺跡（東海市太田町）は、名鉄常滑線太田川駅の北方800mにある。東海市教育委員会が建てた遺跡の説明板があり、そこが奈良・平安時代のころの製塩遺跡であったことをしのぶことができる。藻塩式製塩や知多地域における塩づくりについての情報は、東海市荒尾町にある平洲記念館・郷土資料館、および東浦町郷土資料館に展示解説がある。

⑥

◉南知多町

内海海岸に「津波石」

図16　南知多町海岸の「津波石」

愛知県南知多町に「つぶて浦」と呼ばれる地名がある。名鉄知多新線・内海駅から南へ1・5㎞の海ぎわの場所である。近づいてみると、伊勢湾に向かって鳥居がたっていて、その横に巨大な丸い石がいくつか転がっている（図16）。

はたして、この丸い石は、どこから来たのだろう。誰もが、素朴にいだく疑問である。この石について、地元ではこんな言い伝えが残っている。あるとき、知多の神さまと伊勢の神さまが、力くらべをしたことがあったという。知多の神さまが、どんなに力を振りしぼって投げても、石は全部伊勢湾に落下してしまい、一つも伊勢の海岸に届かなかったが、伊勢の神さまはたいそう力持ちだったらしく、投げた石のいくつかが知多の海岸まで届き、結局、力比べは伊勢の神さまに軍配があがったという昔話である。

この石の正体が、津波によって運ばれた「津波石」ではないか、と最初に言い始めたのは、京都大学教授だった志岐常正である。志岐は、地質時代に発生した大津波で、当時海底にあった巨礫が海岸近くまで運ばれ、その後の地殻変動によって、今日見る場所に現れたのであろうと考えた（山崎・志岐、1988・志岐ほか、2002）。

この考えはあまりにも突拍子のないものとして、受け入れる人が少なく、発表当時話題になったものの、その後ほとんど忘れ去られていた。

２０１１年３月11日に発生した東日本大地震は、一瞬にして多くの人命を奪い去り、陸

図 17　3.11 津波で破壊された海岸堤防
（岩手県山田町）2015 年 1 月 21 日撮影

図 18　3.11 大津波で移動した「津波石」
（岩手県田野畑村）2015 年 1 月 21 日撮影

上にあったありとあらゆる構造物をなぎ倒した（図17）。とてつもない津波の破壊力を目の当たりにすると、知多半島のつぶて浦に打ち上げられた巨礫の存在がよく理解できる。

現在、発生が心配されている南海トラフ地震では、南知多町に10mを越える津波が襲うとされている。内閣府の想定は、東日本大地震の反省をふまえ、発生しうる最大規模の地震と津波を考慮した被害想定になっている。

つぶて浦の巨石は、そうした想定をはるかに超え、古《いにしえ》のある日、恐るべき大津波が知多の海に襲来したことを物言わず語りかけている。

＊　＊　＊

東日本大地震では、岩手県宮古市の姉吉地区で遡上高40・5m（合同調査団調べ）という観測史上最大の津波が襲い、東北地方各地で大災害となったが、津波石と断定しうるものは、多く見つかっていない。

岩手県田野畑村のハイペ海岸では、波打ち際に中生代白亜紀の宮古層群が崩れて落下した岩片があった。今回の地震で、その岩片が山側に約15m移動したことが、地震の前後に撮影した写真をもとに明らかになった。近づいて見ると、その大きさに驚かされる（図18）。同じ田野畑村では、1933（明治29）年の三陸大津波で、標高25mの地点にオルビトリナ砂岩相（中生代白亜紀の有孔虫化石を含む）の岩石片が運ばれている。推定重量は約20トン。同じ地層の露出地点から考え、移動距離は400mに達したという。この岩石片は「羅賀の津波石」（図19）と呼ばれている（Welcome to たのはたジオワールドより、田野畑村役場）。

図19　明治三陸大津波で運ばれた「羅賀の津波石」(岩手県田野畑村)

＊　＊　＊

筆者は、地質学の基礎を愛知教育大学地学教室で学んだ。卒業論文は、三重県桑名市からいなべ市周辺に分布する東海層群の層序学的研究であった。指導教官は、第四紀学・地形学が専門の木村一朗先生である。学生時代だったか卒業してからだったか記憶にないが、木村先生に案内されて、内海海岸の巨礫を見たことがある。そのとき、木村先生は、この巨礫の成因について、オリストストロームであろう、と説明された。オリストストロームとは、海底地すべりのような流れにより遠くへ運ばれた岩塊をいい、大小さまざまの異質岩片を含むのを特徴としている。よく似た考えは、同じ愛知教育大学教授で堆積構造などを専門としていた林唯一も述べている（林、1987）。

木村先生は、自身の著作の中で、「まだオリストストロームによるとは断言できないが、師崎層群の堆積する時、伊勢湾の位置に広がっていた海は、現在のそれとは環境が随分異なっていたことは確かである」と書いている。この一文は、「全燃住器新聞」という業界紙に連載されたものを、私たち卒業生が木村一朗先生の退会記念事業として出版にこぎつけた『私のフィールドノート』（木村、1994）に収録されている。

ゆかりの地を訪ねる

津波石と考えられる巨石を観察するには、内海駅から南へ約700m、県道247号線を師崎方向へ歩き、「つぶてヶ浦」のバス停を目印に海岸に降りる。満潮になると巨石付近は海に沈むため、あらかじめ潮位を調べたうえで、干潮時に訪れてほしい。くれぐれも水難事故には注意。

7

◉南知多町

シンカイコシオリエビの悲劇

深海潜水艇「わだつみ」を操縦していた小野寺俊夫は、日本海溝に潜り陸棚斜面からなだれ落ちる泥雲を目撃する。小説「日本沈没」は、冒頭でオランダの海洋地質学者キューネンが唱えた乱泥流を描写し、巨大地震の頻発や富士山噴火、最後には日本民族の移動計画へと続く。SF作家で科学者でもあった小松左京の描いた「日本沈没」は妙にリアルで、現実と非現実を見誤りそうになる作品だ。二度にわたって映画化されたが、3・11大震災以降なら、小説も映画も世に出ることはなかったかもしれない。

海底地形は、大づかみに言えば、平坦な部分と斜面で構成されている。平坦なところは大陸棚と海洋底、斜面は陸棚斜面と海溝斜面のそれぞれ二つがある。乱泥流は、大陸棚や陸棚斜面にあった堆積物が高速で斜面を流れ落ちる現象をいい、混濁流とも呼ばれる。海底地すべりの一種だ。乱泥流を発生させる原動力は地震か、地震がもとになった津波以外には考えられない。しかし、これを直接見た人はいない。

乱泥流が発生すると、海底ケーブルや海底パイプラインが切断されて大きな被害が出るが、乱泥流は海にすむ生き物にどんな影響を与えるのだろうか。こうした影響についても誰も観察した者はいない。想像するほか手だてがないのである。

愛知県南知多町から、魚やエビ・ヒトデなどの化石が丸ごと入った地層が見つかった。師崎層群と呼ばれる1600万年前の海に堆積した地層である。そもそも自然状態では、魚が一体分埋もれ

図20　ハダカイワシの化石（東海化石研究会・蜂矢喜一郎氏提供）

図21　シンカイコシオリエビ（東海化石研究会・蜂矢喜一郎氏提供）

て化石になることはない。死んだ魚は他の生き物に食べられたり、腐敗や分解が進んで体はバラバラになるのがふつうである。

魚の種類を調べてみると、ハダカイワシ（図20）・ヨコエソ・ウキエソという海の中層部に浮かんで生活する中層遊泳魚と呼ばれるものだった。彼らには、光の届かない環境に適応するため発光器が備わっている。このほか、シンカイコシオリエビ（図21）・ウミユリ・シロウリガイ・シンカイヨコエビなど、明らかに深海性と考えてよい生物化石が大量に密集した状態で発見された（東海化石研究会、1993）。

師崎層群の化石は、猛烈な速さで流れ下った乱泥流に巻き込まれて一瞬にして窒息死したか圧死したものであろう。1600万年前の大地震の「生き証人」といえる。

＊　＊　＊

師崎層群では、こうした深海性の化石とは別に、「カニ」の爪が団塊（ノジュール）の中に入った独特の化石が出ることで有名である。古くは、江戸時代に須佐村（現在の南知多町豊浜）の「蟹石」として知られ、尾張名所図会に描かれている。知多半島で採れた蟹石は江戸や京都でたいそう人気があり、お土産として喜ばれたという。

筆者も、高校教師だったころ、夏休みがあけた二学期の最初の地学の授業の日、しばしば知多半島で採集したノジュールを持って授業に臨んだ。ポケットからおもむろにノジュール（泥饅頭）を取り出すと、クラスの生徒が見守るなか、ハンマーで泥饅頭をたたき割る。何回かの打撃ののち、中から見事な蟹の爪が飛び出してくる。そのときの感動は、一生忘れないらしい。クラス会のたびごとに、この話をする生徒がいる。化石は、正しくは蟹の化石ではなく、チタスナモグリ（図22）と呼ばれるエビに

図22　チタスナモグリの化石（愛知みずほ大学・川瀬基弘氏提供）写真は新城市設楽層群のもの

近い甲殻類の仲間の爪である。知多半島では、こうした甲殻類の爪や体を凝結核としてカルシウム分が濃集し、ノジュールができたのである。

ノジュールの形成プロセスについて、カルシウム分がゆっくり沈積してノジュールができたのではなく、意外にもかなり速い時間でつくられたものであることが、名古屋大学博物館の吉田英一氏によって明らかになっている。ノジュール化は、生物起源の炭素と海水中のカルシウムイオンの急速な反応で進行し、数カ月から数年でメートルサイズのものが生成するという（Yoshida et al, 2018）。

ゆかりの地を訪ねる

シンカイコシオリエビはじめ師崎層群産の深海化石は、日本地質学会による「愛知県の化石」に選定されたが、こうした化石を展示する施設は整っていない。愛知県に県立博物館が存在しないのも、その原因の一つ。標本の一部は、豊橋市自然史博物館や東京上野の国立科学博物館に展示されているが、貴重な深海性動物化石のほとんどは、現在個人蔵である。

●犬山市

⑧ アンモナイトの約束

図23　犬山から発見されたアンモナイト（名古屋大学博物館所蔵標本：筆者写真撮影）

アンモナイトは、恐竜と並んで中生代を代表する化石である。小学校の教科書にものるほど有名なものだ。アンモナイトの化石が、たった一度だけ愛知県内から発見されたことがある（図23）。今から65年以上前の１９５１年のことである。それ以前もそれ以降も見つかっていない。

化石は、当時小学生だった子どもが遊んでいて、偶然拾ったものという。発見場所は、犬山市栗《くり》栖《す》の北東５００ｍの小さな谷。日本ラインの名で知られる木曽川下りの中でも、奇岩が多く難所とされる河岸から山の中に入ったところとされている。

化石は、アンモナイトの専門家として知られる筑波大学の佐藤正さんが調べ、中生代ジュラ紀のチョファティアと報告された（Sato, 1974）。その後、アンモナイト発見の話は、立ち消えになった。当時、古生代石炭紀からペルム紀のフズリナを含む石灰岩と、その周りを埋める泥岩やチャートの地層は同一の時代に堆積したものとされ、古生代の地層から中生代ジュラ紀の化石など出るはずがない、というのが地質学の通説だったのである。アンモナイトが、転石から採集されたのも災いした。

犬山の地が、日本はもとより世界に知られる地質研究のモデルとして、一躍脚光を浴びるようになったのは、アンモナイト発見から30年以上の月日が流れた１９８０年代のことである。プレートテクトニクスの考えが地質学にもたらされ、犬山周辺のチャートの地層から放散虫化石を取り出す技術が確立されるや、日本列島の骨組みをつくる地層

図24　アンモナイトが見つかった犬山付近の木曽川景観

は、次々に古生代から中生代へと塗り変えられていった。ヒトは、これを「放散虫革命」と呼び、研究の中心は、愛知県犬山市の木曽川河畔にあった（図24）。

木曽川の河原で地層を観察すると、チャートと珪質泥岩や砂岩・泥岩などが何度も繰り返し現れる。チャートには主に2億数千万年前の三畳紀の放散虫、珪質泥岩には主に1億数千万年前のジュラ紀の放散虫が含まれる。時代の異なる地層や著しく褶曲した地層が繰り返すしくみは、以下のように説明される。

プレートが海溝からマントル内に沈みこむ過程で、プレート上にのったチャートの地層をかんなで削るように剥ぎ取り、珪質泥岩に底付けする。こうした作業が何度も繰り返されると、異なる時代の地層が頻繁に現れる複雑な地質体ができる。

木曽川下りは、地下深くで生成し幾重にも折り畳まれた付加体の地層を見る楽しみであり、アンモナイト発見に始まる地質学発展の物語をたどる舟旅でもある。

＊　＊　＊

アンモナイトに魅了された古生物学者は多い。筑波大学の佐藤正もその一人だが、ほかに東京大学の速水格、九州大学の松本達郎、国立科学博物館の重田康成などがいる（重田、2001）。アンモナイトは中生代ジュラ紀から白亜紀にかけて爆発的に進化し、多種多様な形態で世界中の海に適応放散したが、6500万年前には完全に絶滅した（猪郷、2006）。北海道はアンモナイトの宝庫で、これまでに500種以上が記載され、日本が世界に誇る研究成果といわれている。三笠市は、北海道から発見された標本を中心にアンモナイト所蔵量日本一を誇る三笠市立博物館を有する町だが、夕張炭田はじめ炭鉱閉山に伴う人口減少が著しく、2012年には市の人口がついに1万人を割り込んだ。

図25　三笠市立博物館におけるアンモナイトの露出展示

ゆかりの地を訪ねる

愛知県下で唯一発見されたアンモナイトの続報を夢見て、多くの化石ハンターが犬山市栗栖の化石発見現場を訪れたが、ついに発見されることはなかった。

アンモナイトの化石が見つかった犬山の地で、2016年「幻の栗栖アンモナイトの謎」という名のシンポジウムが開催された。これをきっかけに長い間、所在不明であった栗栖産アンモナイトが明るみになり、市民の前に公開された。アンモナイトを見つけた小学生との対面も計画されたが、残念ながらすでに亡くなっていたとのことだった。

栗栖から見つかったアンモナイト化石は、現在、名古屋大学博物館の収蔵庫に保管されている。日本一のアンモナイトに出会うため、ぜひ一度三笠市立博物館を訪れてほしいものだ（図25）。

⑨

◉犬山市

発掘された150年前のため池崩壊

1868（慶応4）年春。世は騒然としていた。

4月11日、薩長を中心とした征討軍がついに江戸へ入城するに至り、将軍慶喜は水戸へと退去した。勝敗はすでに決していた。5月3日には奥羽列藩同盟が成立したが、もはや江戸幕府を支える勢力とはならなかった。5月15日、上野に陣を構えた彰義隊と官軍との戦いは熾烈をきわめたが、新兵器・アームストロング砲が威力を発揮し、上野戦争はたった一日で決着した。抵抗を続ける旧幕臣たちは、会津決戦に活路を見いだすべく北へ敗走した。

図26　入鹿池にて採泥調査する

同じころ、尾張北部は惨劇の舞台となっていた。5月13日未明（入鹿池史編集委員会、1994）、入鹿池の堤防決壊に伴う濁流が村を襲い、逃げる間もなく押し流された人々の遺体が白日のもとにさらされていた。家も田畑も、砂礫と泥に埋もれた。死者941人、負傷者1471人、流失家屋807戸、浸水家屋1万1709戸、流没耕地8480・5ha（愛知県史別編自然、2010より）、当時百間堤と呼ばれた入鹿池南側の堤防は大きく破壊した。

入鹿池は、愛知県犬山市入鹿にある農業用のため池である（図26）。堤高25・7m堤長724・1m、貯水量1518万㎥で、全国最大規模を誇る。築造開始は江戸時代はじめの1632（寛永9）年とされ、およそ1年の歳月をかけてため池がつくられた。

『尾張名所図会』に、入鹿閘を描いた絵がある。「閘」とは、水量を調節するための樋門

図27　『尾張名所図会』に描かれた入鹿閘付近の景観

をいう。入鹿閘自体は大変立派なつくりだが、閘の周りを描いた山々にほとんど木が生えていないのに驚かされる（図27）。わずかに見えるのは、松ばかり。江戸時代、山の緑は恐ろしいほどに収奪され、見るも無惨な姿になっていたのである（森、2018）。大雨が降ると、保水力を失った山林から一気に入鹿池に水が集まり、堤防が決壊する危険性は幕末の頃すでにピークに達していた。

　完成から２３５年間、一度も大きな災害を起こさなかった入鹿池は、明治元年４月から降り続いた大雨に耐えることができず、ついに決壊した。このときの大洪水は「入鹿切れ*」と呼ばれ、長く後生に語り継がれることとなった。被害は丹羽郡・春日井郡・中島郡・海東郡の計１３３カ村に及び（愛知県史別編自然、2010より）、洪水で亡くなった人々の供養塔や石碑は、犬山市のみならず丹羽郡大口町などにも建立されている。

　２０１８年８月、犬山市池野、大洞《おおぼら》、安楽寺《あずくし》の計３カ所で、重機を使って地面を掘り下げ、入鹿切れの痕跡を求めて発掘調査を行った。３カ所とも、入鹿切れの際、大洪水に襲われたところである。調査の中心を担ったのは、ＮＰＯ法人ニワ里ねっとである。幸運にも、二つの調査区で洪水堆積物と考えられる地層が現れた。

　大洞調査区では、地下約１ｍに昭和の中頃（１９７０年代）と推定されるアルマイト加工のやかんのフタを含む砂礫層があり、その上位に中～大礫からなる洪水堆積物が覆っていた。洪水は、１９８０年代に発生した水害によるものと考えられる。大洞調査区は五条川の河道に近く、川の氾濫の影響を受けやすい場所に位置していた。

　安楽寺では、五条川の河道より北へ約２００ｍ離れた耕作放棄地にて発掘調査を実施した。地表面から１・４ｍ掘り下げたところに、厚さ30～37㎝の『問題の砂礫層』があった（図28）。上位に

図28　安楽寺調査区における地層堆積状況
発掘されたイベント堆積物（礫が泥まみれであることがわかる）

図29　砂混じり礫層から発見された山茶碗のかけら

は層厚約37㎝の「中粒砂層」、下位には層厚150㎝以上の「砂混じり礫層」が堆積していた。中粒砂層・砂混じり礫層ともに、河川氾濫による堆積物と考えられる。五条川があふれ、堆積したものであろう。中粒砂層は昭和の頃の氾濫堆積物。大洞調査区で見た1980年代に発生した洪水堆積物と起源を同じくするもの、と推定される。

砂混じり礫層に、遺物が含まれていた（図29）。考古学でいう「山茶碗」のかけらである。灰釉陶器の一種、13～14世紀のものと判断される。山茶碗は、断面が摩滅していることから、流されて運ばれたか、使用されかなり時間経過ののち礫層中に挟まれた、と考えられる。この結果は、砂混じり礫層が江戸時代の堆積物であることを強く示唆するものといえる。

さて、『問題の砂礫層』。

この堆積物には、重要な特徴が計四つ確認された。その一つ、含まれる礫がいずれも泥まみれであること。二つ目は、含有される礫が不淘汰であること。不淘汰とは「淘汰が良い」の反対語として用いられ、礫の大きさが小さいものから大きいものまで不揃いであるのは、さらさらと一定の流れの中でたまったものではないことを示している。三つ目は、砂礫層中の礫にインブリケーション（覆瓦状構造）が認められなかったことである。インブリケーションとは、偏平な礫や長めの礫が流れに逆らわないよう一定方向に並ぶ性質があることを言ったもの。流速がゆるやかな環境下で堆積した礫にはインブリケーションがあり、土石流のような強大な水流で運搬された礫にはインブリケーションがない。四つ目は、『問題の砂礫層』が堆積するに際し、下位の砂混じり礫層を激しく削りとってたまっていることである。

以上の観察所見を総合すると、『問題の砂礫層』は何か突発的なできごとにより運ばれたイベント堆積物である、と考えられる。『問題の砂礫層』は、江戸時代の砂混じり礫層の上にのっている。安楽寺調査区に現れたこのイベント堆積物こそ、今から150年前に発生した「入鹿切れ」に伴うため池崩壊の地層だったのである（森、2018）。

＊「入鹿切れ」の発生日については諸説あり、5月12日から13日未明にかけてとする説が有力であるが、13日から14日未明とする説などがあり、定まっていない。

ゆかりの地を訪ねる

入鹿池は、博物館明治村の東隣にある。周囲を本宮山や尾張富士などの山々に囲まれた風光明媚な池である。入鹿切れの供養塔は、犬山市羽黒の興善寺、丹羽郡大口町の妙智寺などにある。大口町歴史民俗資料館には、犬山市安楽寺で発掘された「入鹿切れ」を示す洪水堆積物のはぎ取り標本が収蔵・展示されている。

◉清須市

⑩

あれ!キリギリス鳴く弥生都市

図30　ヒガシキリギリス（撮影：愛知県瀬戸市）

9月になると、夜鳴く虫はすっかり秋の虫に変わるが、昼間の気温は依然高くまだ盛んに夏の虫が鳴いている。夏の虫の代表は何と言ってもキリギリス（図30）。「チョン・ギース」という力強い鳴き声には定評がある。

近年、日本に二種類のキリギリスがいて、西日本に住むものをニシキリギリス、東日本のものはヒガシキリギリスと、それぞれ住み分けて生活していることがわかってきた（日本直翅類学会編、2006）。種が違うということは、交配できないことを意味する。形態のうえでは、ニシとヒガシは互いによく似ていて、見分けるのは容易ではない。最大の違いは、鳴き声が微妙に異なることだ。東海地方はヒガシの領域にあたり、三重県と滋賀県の一部にのみ、ニシキリギリスが生息している。

さて、キリギリス。彼らは荒れ地に多く、草丈が1m以上ある草原でないと住むことがない。

愛知県清須市朝日遺跡の弥生時代後期の環濠の埋土から、キリギリスの産卵管が見つかった（森、2015：図31）。そもそも遺跡の土の中からキリギリスやバッタが発見されることは珍しい。キリギリスやバッタの属する直翅目の体は柔らかく、土に埋もれたのち速やかに分解されて残らないからだ。それにキリギリスのいる草原とヒトが住む環境は、今も昔も大いに異なっていて、ヒトが暮らす土の中にキリギリスが紛れ込むなど、考えにくい。

図31　弥生後期の環濠から発見されたキリギリスの産卵管

朝日遺跡というと、弥生時代前期から後期にかけ大繁栄した東海地方最大の拠点集落である。パレススタイル土器と呼ばれる朱で彩色された華麗な土器、銅鐸や銅鏃が出土するなど、朝日遺跡では高度に栄えた弥生文化が500年の長きにわたって花開いた。逆茂木《さかもぎ》や柵、多くの環濠で厳重に防備された朝日遺跡は教科書にも紹介されている。よりによって、その遺跡の土からキリギリスが見つかるとは、どういうことだろう？

私にはヒトがいなくなって、草ぼうぼうの荒れ地と化した朝日遺跡の姿が目に浮かぶ。

1800年前の土の中から発見されたわずか12㎜のキリギリスの産卵管。このムシの語る昔話はあまりにも切ない。いったい何があったのだろうか？

＊　＊　＊

弥生時代中期の朝日遺跡の環濠の土を調べてみると、中からコブマルエンマコガネやオオマグソコガネ・コマグソコガネなどの食糞性昆虫を多産する。これらは、人糞や獣糞に集まる昆虫である。同じ土には夥しい数の寄生虫卵が含有されており、朝日遺跡では、この時期、人口集中に伴う著しい自然改変と環境汚染が進行していた。弥生時代中期の朝日遺跡の人口について、およそ1000人に達していたという試算がある（森、1994）。この人口は、同時期の中国やユーラシアの諸都市に匹敵するほどの数であったと考えられ、人口集中度のうえからも朝日遺跡は十分「都市」と呼ぶにふさわしい空間だったのである。

遺跡の繁栄は、ヒトの多さに比例する。弥生時代においては、ヒトの多さはつまるところ排泄物の多さに直結する。朝日遺跡からは、弥生時代中期だけでおよそ1万点の糞虫が発見されている。それらは、いずれも体節片に分離しているため、糞虫の数に換算すると約3000頭のウンコムシがいたことになる。この数は、筆者が見つけた昆虫数だけの話。実際に生息した糞虫は、この10

0倍から1000倍はいたことだろう。となると、少なくとも30万匹の糞虫が朝日遺跡にいた計算になる。弥生時代中期が200年とすれば、年間1500匹がせっせと活躍し、ヒトや動物たちの排泄物を片付けてくれていたのだ。そうでなかったら、朝日遺跡の地表面はさながら「ウンチだらけの黄金郷」となり、弥生時代終末期を待たずとっくに滅び去っていたに違いない。

ゆかりの地を訪ねる

朝日遺跡から出土した土器や石器・木製品などは、現在、清須市にある愛知県清須貝殻山貝塚資料館に収蔵されていて、見学することができる。老朽化が著しい資料館は立て替えが計画されていて、2020年には、朝日遺跡の一角に県立のサイトミュージアムが建設されることになっている。展示の中に、朝日遺跡から発見された食糞性昆虫やキリギリスに関連した研究成果が盛り込まれるか、興味のあるところである。

◉津島市ほか

⑪ 牛が沈み、砂の柱が立った！

図32　3.11大震災の液状化に伴って発生した噴砂丘（千葉県環境研究センター風岡修氏写真提供）

地震に伴う液状化災害については、以前から多くの研究者が地震のたびごとに危険性を指摘し、警告を発してきた。

２０１１年3月11日の夜、東北大津波とともに日本全国に報道された千葉県浦安市の液状化災害の映像は、どんな説明よりもリアルに液状化の恐ろしさを伝えていた（図32）。

浦安市での液状化被害は市内の86％に及び、噴き出した砂や泥で市中はあふれ、地面は陥没し、マンホールは抜け上がった（図33）。土砂で埋め尽くされた舞浜二丁目では、道路から土を掻き出すのに、１週間を要したという。日の出小学校のグラウンドでは地割れができ、地割れしたところから砂が噴き上がって噴砂丘ができた。それが、東日本大地震の震源から３５０㎞も離れた千葉県浦安市で発生したことは驚きであった（ぎょうせい、2012）。

まったく同じことが、１９４４（昭和19）年12月7日の地震で発生していた。東海地方を中心に大被害をもたらした東南海地震である。死者１２５１名、全壊住家1万６４５５戸。マグニチュードは7・9という。第二次大戦中の報道管制下にあった日本では、この地震の被害の詳細はほとんど明らかになっていない。

東南海地震の液状化の実態を調べたのは、愛知県立津島高等学校地学部。筆者が、高校教員時代、顧問をしていた部活動である。大学受験のため3年生が引退し、活動部員は1・2年生のみ。当時、濃尾平野の地盤災害について調査していた地学部は、その年の研

図33　3.11大震災に伴い、地盤が液状化し抜け上がった建物（JR新浦安駅前；筆者撮影）

究テーマを液状化災害に絞っていた。

第二次大戦中の地震の様子を記憶している人々を、一軒一軒訪ね歩いて探し出し、証言を集めるよう地学部員たちに指示した。40年近く前の、1977年のことである。当時の津島高校生は、こうした地味で手間のかかる取材活動を、文句も言わずに精力的におこなった。

取材エリアは濃尾平野西部、現在の稲沢市祖父江町から津島市、愛西市、あま市、弥富市など、広範囲に及ぶ地域だった。

（証言1）今の津島市立南小学校に通学していたのですが、ちょうど昼頃だったと思います。激しい揺れが襲ってきて、立っておれませんでした。

2階から揺れるグラウンドを見ていましたら、突然グラウンドに地割れが走りました。しばらくすると、地割れした部分から水が噴水のように高く噴き上げ、まわりに砂がいっぱい出ていました（津島市白浜町）。

（証言2）私が野良仕事をしているとき、地震に遭いました。立っておれませんでしたから、座り込んでふるえていました。田んぼの水がジャワジャワと激しく音をたてていました。しばらくすると、見る見る水位が上がってくるんです。気がついてうしろを見ると、畑にいた牛が首のあたりまで沈んでいました（愛西市雀ケ森町）。

（証言3）昭和19年の地震のとき、噴水のように泥や砂の混じった水が空高く噴き上げまして、見事なものでした。水柱の高さは5mぐらいありました。何本も噴き上げていました。あとで見に行くと、白いきれいな砂がいっぱい出ていました（津島市上新田町）。

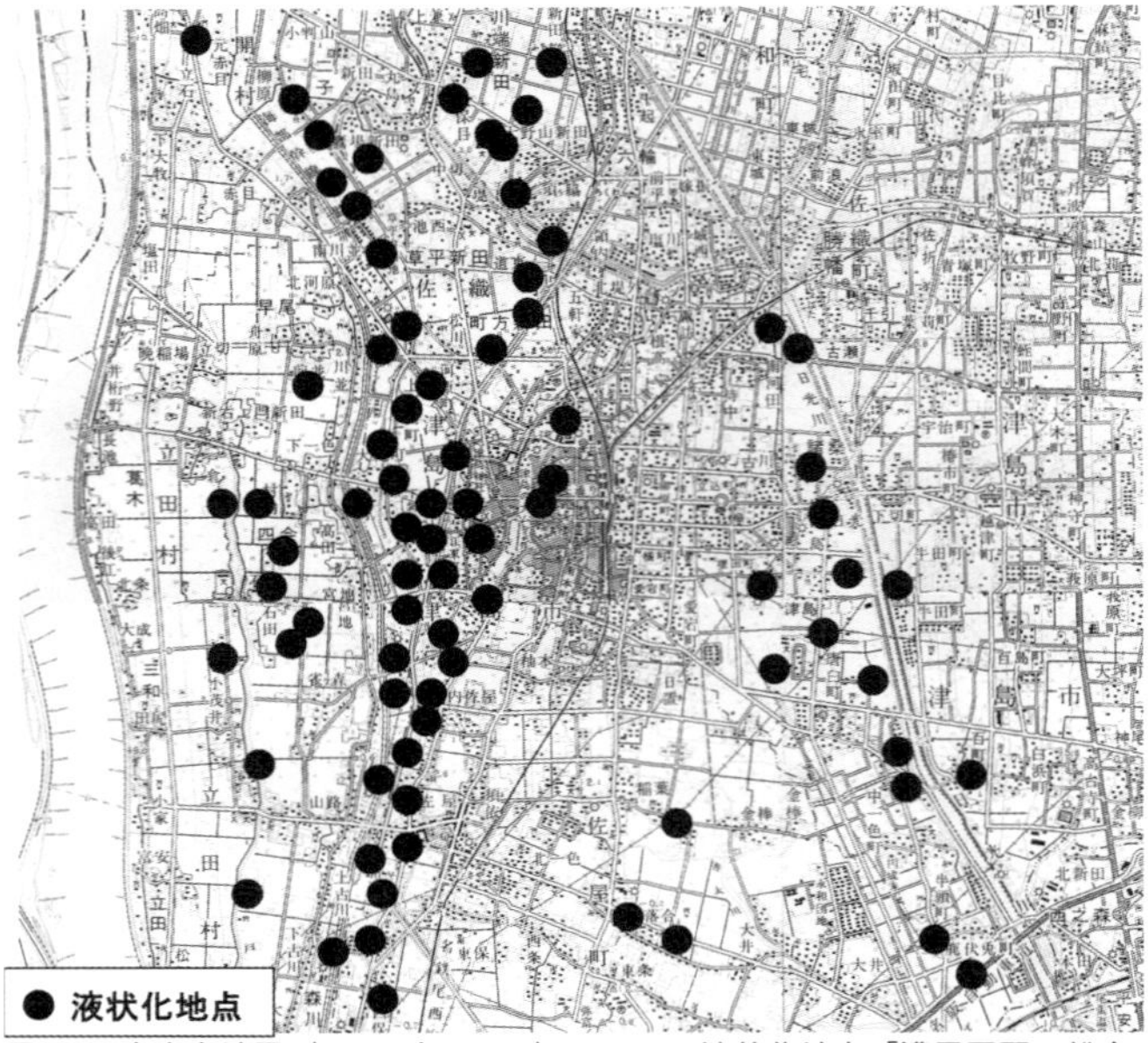

図34　東南海地震（1944年12月）における液状化地点「濃尾平野の総合的研究」（愛知県立津島高等学校地学部、1981より）

こうした証言があった場所を、地図上にプロットすると、かつてこの地域に存在した木曽川旧河道である佐屋川や、日光川などの埋め立て地、池などがあったところと見事に重なった（図34）。

地盤の悪い場所には、現在、工場や学校・住宅団地などが建設されている。それらは、地震や津波災害などが生じたとき、避難場所になるところである。寄りによって液状化被害の最も発生しやすい場所に、こうした公共的建造物や大規模団地が集中している。１９４４年と現在では、町の規模や住む人々のライフスタイルなどまったく異なっている。70年前に大丈夫だったからといって、将来の安全を約束するものでない。

そのうえ、濃尾平野は、今も日本最大のゼロメートル地帯を有していて、一般住家が立つ地盤は海面よりはるかに低い。

来たるべき南海トラフ巨大地震が発生したとき、濃尾平野南西部で起こる液状化被害は、東日本大震災の際の千葉県浦安市の惨状が物語っている。備えなければならない。

濃尾平野で液状化が避けられないのなら、少しでも液状化被害を軽減する手だてを講ずるべきではないか。そう考えたとき、千葉県浦安市のディズニーランドやディズニーシーなどが参考になる。

これらの施設は、埋め立て地にあって市域よりはるかに地盤が悪い場所にあったのにもかかわらず、東日本大震災ではほとんど液状化しなかった。地盤改良が施されていたからである。莫大な費用がかかるには違いないが、濃尾平野南西部のまずは避難場所になる地域について、液状化対策の地盤改良に着手すべきだろう。

ゆかりの地を訪ねる

天気の良い日に、名鉄津島駅に降り立っても液状化災害の怖さを感ずることはない。それは京葉線の新浦安駅でも同じ。雨が降り続いた翌日、津島市南部の日光川堤防に出かけてみよう。川の水位が周囲の民家の2階付近にあることに驚かされる。

岬の地質学②

◉ 伊良湖岬（愛知県田原市）

渥美半島の先端に位置する岬。南部は遠州灘に面し、恋路ヶ浜と呼ばれる海浜が広がる。岬には、伊良湖岬灯台や島崎藤村が詠んだとされる「椰子の実」の歌碑などがある。

灯台付近には、苦鉄質の火山岩類や珪質片岩などが分布している（図 1）。苦鉄の「苦」はマグネシウムを指し、マグネシウムや鉄分に富む火山岩、つまりは玄武岩質の岩石で構成されている。中央構造線の活動に伴って、地下深くから持ち上げられたと考えられる。伊良湖岬の南に見える日出の石門（図 2）は、中生代ジュラ紀の褶曲したチャートでつくられている。

渥美半島には、標高 200 ～ 300m のなだらかな渥美山地と、先端部に近いところには渥美山地より低い伊良湖岬山地が位置している。これらの山地は、北側（三河湾側）は三波川帯の変成岩類、南側（遠州灘側）は秩父帯のチャートや混在岩（メランジュ）で構成されている。

図 1　左は苦鉄質火山岩類（玄武岩）と珪質片岩、遠景は神島

図 2　日出の石門。中生代ジュラ紀のチャートに主に波の侵食で空洞を生じたもの。よほど運が良くないと、石門から昇る太陽を見ることはできない。

岐阜県

◉高山市

1

4億年前の奥飛騨産ハチノスサンゴ

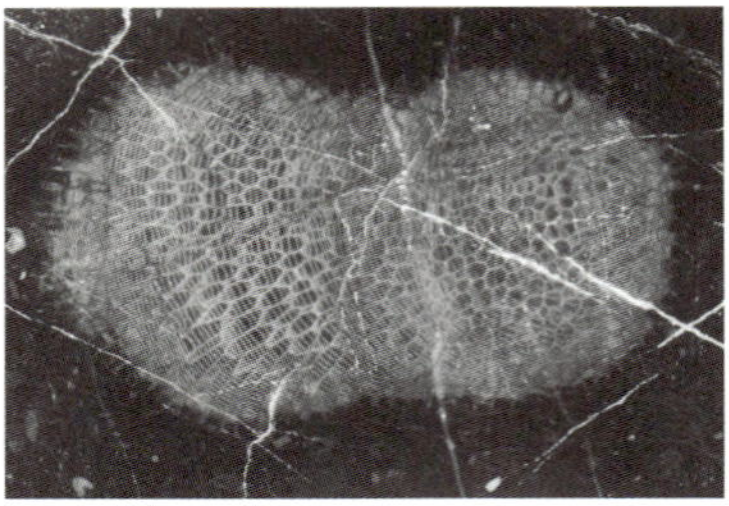

図1　ハチノスサンゴの化石
（蜂矢喜一郎氏撮影）

サンゴは刺胞動物に属する。クラゲやイソギンチャクなどと同じ仲間だ。刺胞と呼ばれる毒液を注入する針を持つことから、その名がある。

刺胞動物の体のつくりは単純で、外胚葉と内胚葉の二つしかない。中胚葉にあたる組織はまだ分化していない。クラゲが遊泳型なのに対して、イソギンチャクやサンゴは固着して生活する。イソギンチャクは体がむき出しのまま、サンゴは身を隠すための骨格を持っている。骨格は石灰質でつくられていて、多くは群体で生活しサンゴ礁を形成する。

岐阜県吉城郡上宝村、わが国でも数少ないハチノスサンゴ（図1）の化石産地である。市町村合併ののちは、高山市奥飛騨温泉郷と呼ばれるようになった。笠ヶ岳や穂高岳・乗鞍岳など、周囲を3000m級の山々に囲まれた標高約1000mの山の中だ（図2）。近くに、福地温泉や平湯温泉、新穂高温泉などがあり、岐阜県屈指の温泉地帯として知られる。

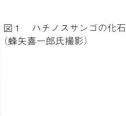

福地温泉から西へ800m、オソブ谷という川を登ったところに、国の天然記念物「福地の化石産地」がある。産地は国指定、発見された化石標本のうち約100点が、県指定の天然記念物になっている。

オソブ谷の転石を見ると、付近の地層が石灰岩と粘板岩で構成されていることがわかる。福地層群である。福地からは、サンゴのほか、三葉虫・層孔虫・腕足類・直角石など、多くの化石が発見されている。中でも、床板サンゴの一種・ハチノスサンゴは福地層群を代表する古生

図2　福地から足をのばせば見える北アルプスの笠ヶ岳

図3　朝市の一角にある昭和レトロの店

代デボン紀の化石である（宮川・新川、1988）。蜂の巣に似た六角形の穴がたくさん並んでいて、一つの穴に一匹ずつサンゴ虫が住んでいた。約4億年前のサンゴの集合住宅だ。高知県で見つかるシルル紀のクサリサンゴと並び、古生代の示準化石としてきわめて価値が高い。上宝村からは、その後、ハチノスサンゴよりさらに1億年古いオルドビス紀の貝形虫化石が発見され、日本最古の化石が出る村として、一躍有名になった。

サンゴ礁からイメージされるのは、青い空と青い海、真っ白の砂浜にまぶしく輝く熱帯の太陽だろう。

遠い、遠い昔、まだ体に背骨のある生き物がいなかった時代、もちろん日本列島はまだその形をなしていなかった。そんな古い過去のひととき、この地球にいったいどんな光景が広がっていたのだろうか。奥飛騨温泉の湯につかりながら、悠久のときの流れの中に身を置いてみよう。かすかに潮騒の音が聞こえないだろうか。

➡ゆかりの地を訪ねる

奥飛騨温泉郷（旧上宝村福地）では、現在、化石採集が禁止され、採集することはできなくなった。ハチノスサンゴをはじめ主な福地産の化石標本は、奥飛騨温泉郷の一角にある福地化石館に展示されており、無料で見学することができる。また、福地温泉では、恒例の朝市がほぼ毎日開催されていて、地元野菜を安価で購入できる。中に、昭和レトロの品々をぎっしり並べた店があり、訪れた温泉客の人気を集めている（図3）。

②

◉下呂市

縄文・弥生の狩猟支えた下呂石製石鏃

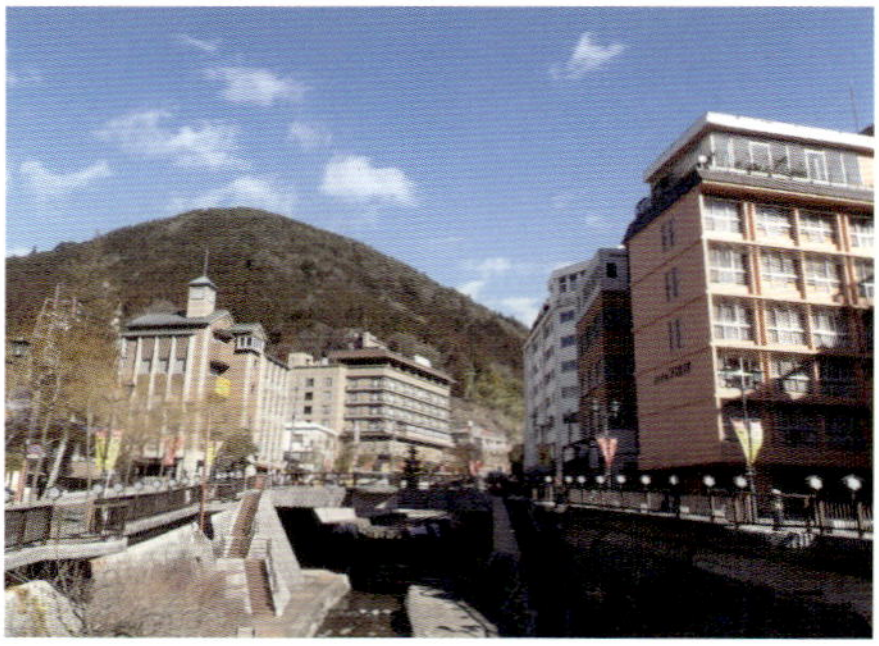

図4　下呂温泉街の風景

下呂温泉は、有馬・草津と並んで日本三名泉のひとつに数えられる。下呂は、今も年間百万人の観光客が訪れる岐阜県屈指の観光スポットだ（図4）。下呂温泉の泉質は弱アルカリ性で肌を滑らかにする効果があり、女性や若者にも人気が高い。

温泉の由来は必ずしも明らかになっていないが、飛騨川に沿って延びる断層と湯ヶ峰火山が関係している。飛騨川の水が断層で弱くなった岩盤のすき間にしみこみ、これが火山熱で暖められたのが下呂温泉なのだという。道理で湧出量が多いはずだ。

下呂温泉郷に莫大な富を生み出した湯ヶ峰火山は、温泉とはまったく質の異なる価値をもたらし、多くの場所で利用されてきた。石器の石材としての用途である。考古学を少しでもかじった者なら、「下呂石」の名を知らない者はいない。流紋岩ともガラス質石英安山岩とも呼ばれる火山岩の一種で、加工しやすく鋭利なことから、槍やナイフ、矢尻として旧石器時代から縄文時代を経て弥生時代に至るまで流通した。10万年前に湯ヶ峰から噴出した石材を用いてつくられた石器は、岐阜・愛知・三重三県を中心に、長野・静岡・福井・石川・富山各県などから発見されている（小池、2007）。

東海地方有数の弥生集落として知られる清須市の朝日遺跡では、狩猟や戦闘用に利用された石鏃の七割が下呂石製である（図5）。この割合は、同じ時代の一宮市八王子遺跡や猫島遺跡でさらに高くなり、愛知県内でも三河の遺跡では下呂石を用いた石器の割

図5　下呂石製の石鏃（朝日遺跡、弥生中期：愛知県教育委員会所蔵資料）

合は極端に少なくなる。このような長身鏃は、朝日遺跡の名を冠して「朝日型長身鏃」と呼ばれている（原田、2013）。いったい、どのような目的でつくられたのだろうか。

石器の原石の入手方法について、これまで多くの議論がなされてきたが、疑問に答える決定的な証拠が東海市の烏帽子遺跡から見つかった。烏帽子遺跡では、土器の中からこぶし大の下呂石の原石が三五個もまとまった状態で発見された（愛知県埋蔵文化財センター、2001）。湯ヶ峰から転げ落ち飛騨川をはるばる流れ下った円礫を河原から拾ってきて、集落内で石器に加工していたらしい。原石を河原から手に入れやすい遺跡ほど下呂石製の石器の割合が高いのは、こうした事情を考えるとよく理解できる。

旧石器時代から約2万年の長きにわたり使い続けられた下呂石も、鉄器の普及によってその役割を終えた。倭国大乱の時代、下呂石製の武器で応戦した濃尾平野の民は、鉄器で武装した大和の勢力にねじ伏せられ、やがて滅びたのかもしれない。

ゆかりの地を訪ねる

下呂石や下呂石製石鏃について、産地周辺での観察ポイントは下呂発温泉博物館がおもしろい。下呂温泉の歴史や温泉の泉源についての解説に定評がある。考古学的な研究成果は、下呂ふるさと歴史記念館に展示がある。一方、下呂石の消費地としての動向は、清須市にある愛知県清須貝殻山資料館で戦乱の弥生時代、殺傷能力を高めた「朝日型長身鏃」を見学するのが良い。

③

◉中津川市

長島父子が世に送り出した苗木石

図6　水晶
（津村善博氏採集標本）

石英の英名はクォーツ。石英の純粋結晶で透明度が高い水晶（図6）は、クリスタル・クォーツという。石英は、花崗岩を構成する鉱物として最も一般的なものだが、実は奥が深い。化学成分は、SiO_2である。

石英の語源は、石の華とも言われる。英を「はな」と読ませ、石の中で最も華やかで変化に富んだものとみなしたのである。実際に、石英（二酸化珪素）がもとになった宝石は多い。玉髄や碧玉・虎目石など主成分はすべて石英分。珪素一つに酸素が四つ結びついたものを珪酸塩鉱物と呼ぶが、これにはエメラルドやトパーズ・ガーネットなどの宝石がある。誕生石で珪酸分とまったく関係ないのはダイヤモンドと真珠、それにルビー・サファイアぐらいのものだ。石英はいろいろな鉱物や宝石に姿を変え、私たちを楽しませてきた。

石英や水晶が近代産業、とくにＩＴ産業に果たしてきた役割は大きい。時計の水晶発振器やコンピュータの半導体、太陽電池、通信ケーブルや胃カメラなどに使用される光ファイバーをはじめ、多くの電子機器の製造に水晶はなくてはならない原材料の一つである。石英の結晶から切り取った板に電極をつけ、これに電圧をかけると規則正しく振動する現象が発見され、この装置を用いた日本のクォーツ時計がスイスの時計を押しのけ、世界ブランドになったのも記憶に新しい話だ。日本の商社マンは、純良な水晶の産地を求めて日夜、世界各地の鉱山を駆け巡っているが、実際の産業用水晶は、現在では工場でつくられ

図7　水晶をイメージした中津川市鉱物博物館

た人工石英や人工水晶でそのほとんどがまかなわれている。

あまり知られていないが、岐阜県中津川市は、古くより水晶の産地として日本で最も有名な場所である。中津川市の苗木から産出する水晶は、質・量ともに群を抜いている。中津川市から恵那市・長野県上松町に分布する苗木・上松花崗岩は、一般に苗木石と呼ばれ、水晶を多く含むペグマタイト（巨晶花崗岩）の割合が高い（中津川市鉱物博物館、1999）。今からおよそ7000万年前の中生代白亜紀に生成された深成岩の一種である。苗木地方からは、無色透明の水晶だけでなく、黒水晶や煙水晶・トパーズなどの鉱物が大量に掘り出され、産業の進展にも大いに貢献してきた。

苗木石が世に出るにあたっては、そこに生まれ二代にわたって苗木産鉱物の採集と研究に尽力した長島乙吉・弘三父子の功績が大きい。中津川市の苗木には二人が寄贈した標本類をもとに、1998年中津川市鉱物博物館が建設された（図7）。水晶をかたどったその姿は、緑多い東濃の山並みの中にあってひときわ閃光を放っている。

⬇ゆかりの地を訪ねる

かつて、蛭川村という村が恵那郡にあった。市町村合併ののち中津川市に属し、同市蛭川となった。蛭川村は苗木と並んで、花崗岩の一大産地だった。赤茶色の花崗岩が有名で、恵那錆石と呼ばれた。その一角にストーンミュージアム「博石館」が建っている。ピラミッド型の目立つ建物で各種発掘体験がおこなえる。

④ ◉瑞浪市

１７００万年前に冷水塊

図８　ヒゲクジラ類の脊椎骨の化石（瑞浪市化石博物館にて筆者撮影）

瑞浪市には、２０００～１５００万年前の新生代新第三紀中新世の化石を集めた化石博物館がある。海生ホ乳類のデスモスチルスや、暖かい海に生息したビカリアなどを展示する博物館である。化石を含む地層は瑞浪層群と呼ばれ、糸魚川淳二博士（現名古屋大学名誉教授）をはじめとする研究者により詳細に調査され、同層群はこの時代の代表的な地層として知られるようになった。

展示されている化石の多くは、博物館横を通る中央自動車道瑞浪インターの工事現場から見つかったものだが、新たにまた貴重な化石資料が追加された。

２０１６年６月より２０１７年６月にかけ、瑞浪市土岐町で市立瑞浪北中学校の敷地造成工事が行われた。造成工事現場からは、瑞浪層群中部の明世層戸狩部層から同層山野内部層にかけての地層が露出し、貝類化石だけでなくヒゲクジラ類（図８）やサメ類・サンゴ類・甲殻類などの化石が次々に発見された。

最も興味深いのは、エゾイガイという名の二枚貝の化石が密集して見つかったことである（図９）。横50㎝、縦35㎝の母岩の中に合計28個体ものエゾイガイが含まれた。うち22個体は合弁のまま、つまり生きていた状態で埋もれ、化石となった。

エゾイガイとは、いったいどんな貝なのだろうか。貝類図鑑でイガイの仲間を調べてみると、イガイの殻は厚手で三角形、足糸と呼ばれるたんぱく質の強固な繊維を使って岩礁に付着して生活し、地方によっては食用になる、とある。同じ仲間のムラサキイガイは、

図９　密集した状態で発見されたエゾイガイの化石（瑞浪市化石博物館にて筆者撮影）

港湾の漁網やブイ、防波堤などに密集して生活する。ヨーロッパ原産で最近は日本でもムール貝として食用にされる。ムール貝は、フランス料理などに盛んに使われるため、食べた人も多いのではないだろうか。

エゾイガイもイガイと同じく岩礁に足糸で付着して生活する。イガイに似るが、大きな違いは殻の表面に細かな縦筋があることだ。また、イガイは北海道以南の日本のほぼ全域に生息するが、エゾイガイの分布域は、和名に「エゾ」の名があるように主に東北地方以北の冷たい海に生息する。

瑞浪北中学校建設現場より冷たい海に住むエゾイガイが密集した状態でまとまって発見されたことをきっかけに、瑞浪層群の研究が一段と進展した。

博物館学芸員の安藤氏は、フォトグラメトリーという方法を用い、化石が母岩内部にどう配置されているか三次元立体画像を作成して調べ、エゾイガイがお互いに付着しあった状態を残したまま化石化していることを突きとめた（安藤ほか、2018）。

つまり、この化石は何らかの付着基物にくっついた状態で運搬され、海底に埋もれたものと考えられる。付着基物とは何であったか、今日、ムール貝が漁網やブイなどに群生するように、波間に浮かぶ流木や海藻などであった可能性が指摘されている（安藤ほか、2018）。

筆者にとって一番の驚きは、エゾイガイがその産状から決して遠くから運ばれたものでなく、堆積場周辺に生活していた［現地性の化石］であったことである。瑞浪層群というと、マングローブ茂る熱帯ないし亜熱帯の浅海域に堆積した地層というイメージだったのが、エゾイガイの発見で冷水塊の存在がにわかにクローズアップされることとなった。

調べてみると、エゾイガイの見つかる地層からは、ウソシジミやナミマガシワモドキなどいずれも冷たい海に生息する貝類が伴って産出し、1700万年前の東海地方周辺の海域は必ずしも暖かくなかったという。ほぼ同じ時代、愛知県東栄町の柴石峠から熱帯性のクロツヤムシの化石が見つかっている（森・松岡、2016）ので、海の中と陸上では気候が異なっていたなど、研究を深めていかなければならない課題も多い。

瑞浪北中学校は、瑞陵・日吉・釜戸の三つの学校を統合し新たに建設される中学校とのことだが、地下に1700万年前の化石たちが眠る校舎で学んだ中学生の中から、将来きっと素晴らしい古生物学者が生まれることだろう。

ゆかりの地を訪ねる

瑞浪北中学校建設現場から発見されたエゾイガイやヒゲクジラなどの化石は、瑞浪市化石博物館に展示されている。瑞浪層群の化石は、博物館に出かけ許可証を発行してもらえば採集可能である。瑞浪市の土岐川河岸は、化石採集できる数少ない場所である。

5

◉美濃加茂市

珪化木はどこから?

街の土木会社の庭先に、よく転がっている石の一つに珪化木がある(図10)。砂利を掘っていると出てくるので、拾い集めたものという。愛知県や三重県の砂利採取業者から、しばしば聞く話である。

珪化木は、地層中に埋没した樹木の細胞内や細胞壁に珪酸分がしみ込んで化石化したものである。それがどの時代のものか、この問いに答えることは、愛知・三重両県下の珪化木では容易ではない。含有される地層におよそ規則性がなく、共通するのは砂礫層の中から発見されることだけなのだ。

珪化木が見つかるのは、ときに300万年前の東海層群矢田川層、ときに80万年前の更新世八事層、はたまた10万年前以降と考えられる中位段丘堆積物、といったようにさまざま。珪化木のこうした産状について、永らく疑問に感じていた。

図10　桑名市内の土木会社から譲り受けた珪化木

謎を解き明かす手がかりが、意外なできごとからもたらされることとなった。1994年夏、この年は例年になく雨の少ない干ばつの夏となった。梅雨期に雨が降らなかっただけでなく、7~8月に入っても雨らしい雨はほとんどなく、名古屋をはじめ東海各地で連日節水制限が継続した。

そんな中、岐阜県美濃加茂市では木曽川の水位が極端に低下し、河床に不思議な景観が現れた(図11)。川の中に樹幹が林立し、そこにさながら壮大な森林が存在したかのような光景だったという。樹幹はいずれも固く

図11　木曽川河床から姿を現した化石林（鹿野勘次氏写真提供）

珪化していて、石になった森林、つまりは珪化木からなる森林が出現したのである。この年、珪化木の林は、美濃加茂市から可児市にかけての木曽川河床で広く観察された。

福井県立恐竜博物館の寺田和雄氏が、木曽川河床の珪化木の樹種について顕微鏡下で調べ、林立する木の大半が熱帯に生育するアオギリ科の樹幹で構成されていることを明らかにした（Terada and Suzuki, 1998）。*Wataria* 属に分類される絶滅種であるという。

珪化木の樹幹は、新第三紀中新世前期（今から約1900万年前）の瑞浪層群中村層、および同蜂屋層の地層中に含まれるものだった。中村層からは、カニサイやゴンフォテリウムと呼ばれる原始的なゾウの化石が見つかっていて、この当時、河川や池沼・湿地などが点在する草原環境が展開していた（美濃加茂市民ミュージアム、2003）。周辺地域には、アオギリの仲間の林も存在したことだろう。

美濃加茂一帯では、1900万年前の河畔林を構成した珪化樹幹が、木曽川河床の地層中から顔を出し、今も出水のたびごとに削りとられて、遠方に移動していることが確認されている。

今から300万年前、矢田川層の堆積時にも同じようなことが起こっていたとしたら？

矢田川層に含まれる珪化木は、鮮新世のころに繁茂していた樹木ではなく、一昔前の中新世前期の森林に生えていた木が洪水で流され砂礫層中に紛れ込んだもの、とみなすことができる。八事層や中位段丘堆積物の砂礫に挟まれる珪化木についても、同じようなプロセスで運ばれたものであるのかもしれない。

洪水で運搬された樹幹がそのときすでに珪化していたのか、それとも生の木のまま挟み込まれ砂

図12　美濃加茂市民ミュージアムのある「みのかも文化の森」

礫層中で珪化木になったのか。前者であれば、珪化木の起源は明らかに中新世前期の誘導化石*、後者であれば地層堆積時に生活していた樹木が珪化したものであり、時代はずっと新しくなる。

答えは、珪化木の樹種にアオギリ科の絶滅種がまじっているかどうか調べれば、わかる可能性がある。愛知県豊明市の東海層群矢田川層の砂礫層から見つかった珪化木の樹種はコナラの仲間だった（森・宇佐美、2003）が、樹種同定された珪化木はまだほんの一握りしかなく、樹種による比較研究が待たれるところである。

＊**誘導化石**↓地層中に含まれていた化石が侵食作用で洗い出され、より新しい時代の地層に再堆積したもの。およそ80万年前の八事層から珪化木が発見され、樹種がアオギリ科に同定されれば誘導化石であることは明らかだが、樹種がメタセコイアだとメタセコイアの日本での絶滅期と重なり、誘導化石かそうでないか見分けるのが難しくなる。

ゆかりの地を訪ねる

美濃加茂市蜂屋町に「美濃加茂市民ミュージアム」（図12）があり、珪化木を含む中村層や蜂屋層について常設展示されている。動くカニサイの模型やゴンフォテリウムの化石、魚の化石などの展示解説のほか、美濃加茂市出身の坪内逍遙はじめこの町の歴史や文化についての教養を深めることができる。また、同市御門町の太田橋下流には化石林公園が整備され、珪化樹幹をまぢかに見学できるようになっている。

⑥ ◉坂祝町

恐竜時代の巨大隕石衝突

図13　隕石衝突の証拠をとどめた粘土層の露頭（熊本大学・尾上哲治氏写真提供）

坂祝《さかほぎ》町は、岐阜県中南部に位置する人口8000人余りの町だ。2014年3月9日、この町の公民館で講演会が開催された。演題は、「恐竜時代の巨大隕石衝突」。坂祝から見つかった世界発の証拠、という副題がついていた。演者は、熊本大学准教授尾上哲治氏。

このようなアカデミックな話題に、町民がどれほど関心を示すのか興味があった。出かけてみると、小さな会場は超満員の盛況で、およそ百人の皆さんが熱心に耳を傾けていた。

隕石といえば、2013年2月、ロシア南部のウラル地方に鮮やかな閃光とともに落下した直径約17m、重さ1万トンと推定される隕石落下のニュースが記憶に新しい。坂祝町で明るみになった隕石は、直径約8km、重さ5000億トンと推定され、けた違いに大きい。

坂祝町の南側に木曽川が東西に流れている。坂祝町から愛知県犬山市にかけての木曽川は川幅が狭く、切り立った岸壁や奇岩などが多くあって日本ラインという名がある。そこに分布する地層は、中生代三畳紀からジュラ紀のチャート。二酸化ケイ素を主成分とする海洋プランクトンが深海に降り積もったものだ。

黒っぽい色のチャートの地層の中に、厚さ約五センチの黄色粘土層（図13）が挟まっているのが見つかったのは、2012年の秋。顕微鏡で調べてみると、粘土層にスフェルールと呼ばれる隕石衝突によってつくられた球状粒子が多数確認された（図14）。決

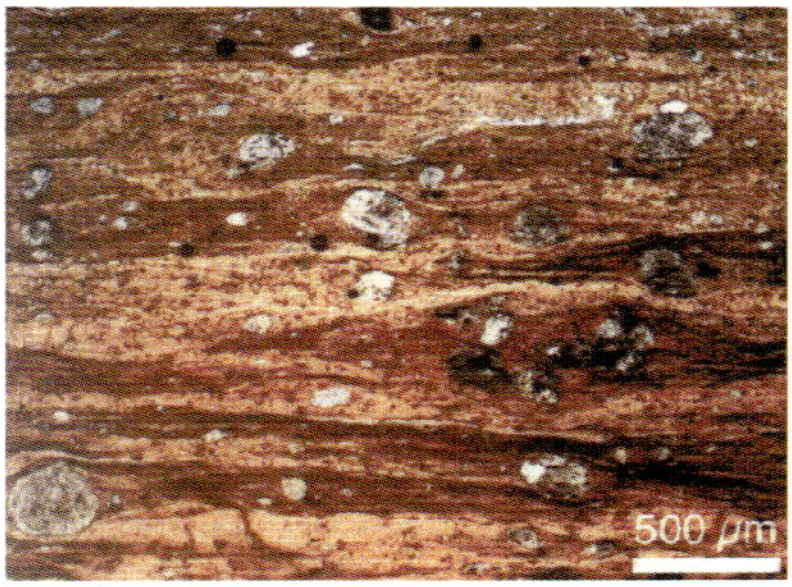

図14　球状粒子・スフェルールを含む粘土層（熊本大学・尾上哲治氏写真提供）

定的だったのは、粘土層の化学分析結果。白金族元素であるオスミウムやイリジウム・ルテニウムなどが異常に高い値を示したのである（Sato et al, 2013）。平均的な大陸地殻に比べて三桁ほど高い。いずれも、地球内部のマントルや核に多い元素だ。

今からおよそ2億1500万年前の中生代三畳紀後期、現在のカナダケベック州に巨大な隕石が落下した。この隕石衝突が陸上の哺乳類型爬虫類を絶滅に追いやり、代わって恐竜が進化発展したとする説もあるが、海の中の生きものにどんな影響が及んだのか必ずしもよくわかっていない。

確かなことは、隕石落下に伴う衝撃波で舞い上がった粉塵と、隕石由来の微細粒子からなる堆積物が、木曽川河畔の坂祝町に5cmの厚さで降り積もっているということだ。これを地球全土に及ぼしたら、いったいどれぐらいの量になるのか、想像することさえできない天体衝突が、恐竜時代に発生したのだ。

ゆかりの地を訪ねる

岐阜県では、坂祝町で確認された隕石衝突の証拠と、この時期の生物絶滅とは異なる事件についての証拠が明らかになっている。古生代末、海中生物が大量絶滅したことはよく知られているが、そのことを示す証拠が各務原市鵜沼の木曽川右岸で見つかっている。赤褐色のチャートの下位に黒色チャートがあり、この黒色チャートの部分では赤鉄鉱でなく硫化鉄が沈殿していて海中が酸素欠乏に陥った（海中無酸素事件）ことを示している。

⑦

◉大垣市

金生山―フズリナ化石に残る海のなごり

図15　赤くむき出しになった赤坂金生山

岐阜県大垣市赤坂町に、山肌が赤くむき出しになった小山がある。その名を金生山《きんしょうざん》という。金生山は、伊吹山地の南東端に位置する標高わずか217mの山であるが、そこは日本の近代産業を支えた石灰石の一大採掘地として知られる（図15）。

良質な石灰岩や大理石が得られたことから、1919（大正8）年には東海道本線が、1928（昭和3）年には西濃鉄道が開業し、金生山ふもとの美濃赤坂駅は、採掘された石灰石や、それから生産された消石灰・生石灰・肥料などを満載した貨物列車で大いに賑わった。

今日、東海道本線はJR東海・美濃赤坂線として支線化され、一日あたりの乗降客わずか350人のローカル鉄道となって、往時の勢いはみられない。

一方で、金生山は日本の古生物学発祥の地として有名で、わが国屈指の化石産地でもある。金生山から掘り出された石灰岩には非常に多くの化石が含まれる。最も普通に見られるのは、フズリナ（図16）という米粒をスライスしたような化石。糸を紡ぐ紡錘の形に似ることから、日本名では紡錘虫と呼ばれる。海に生息する原生動物だが、石灰質の多くの小部屋をつくって生活していたという。わずか2㎜の簡単なつくりのものから1㎝を超える大型種まで驚くほどの種類があり、進化の極致をきわめて大繁栄した。その後、フズリナは地球上から絶滅し、現在似た姿の生物は存在しない。

ほかにサンゴやウミユリ・三葉虫・二枚貝・巻き貝・魚化石など、金生山からは実に

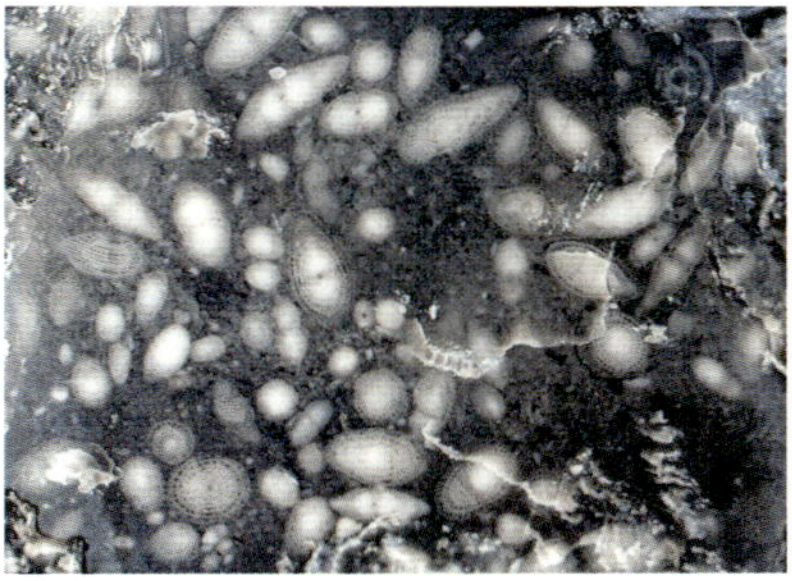

図16　ペルム紀のフズリナ化石

多くの化石が発見されている（東海化石趣味の会、1974）。いずれも2億5000万年前の古生代ペルム紀のころ、熱帯の浅い海に生活していた生き物だ。

その昔、太平洋の彼方にあった海底火山が噴火し火山島がつくられた。島にはサンゴ礁が発達し、それは年約10㎝の速度で移動して大陸の縁辺に貼り付けられた。時を経て、周りの山々とともに伊吹山地が隆起し、現在見るような姿になった。

こうした解釈が行われるには、明治初期に金生山を訪れた外国人研究者はじめ多くの古生物学者や地質学者のたゆまぬ追究が繰り返された結果である。

ゆかりの地を訪ねる

大垣市の金生山では、今も石灰岩が採石されている。かつては石灰岩採石場に入り化石採集できたものだが、安全上の問題から採石場に入ることは難しい。石灰岩を小さくする過程で生じた石灰岩ブロックや、大理石の加工場から出た石材片などを入手し、化石探しをするのが現実的。金生山から産出したサンゴやフズリナなどの化石は、岐阜県関市にある岐阜県博物館が多く所蔵していて、展示もされている。

◉養老町

⑧ 動乱の2世紀に大地震はあったのか？

図17　象鼻山遠景

名神高速道路養老サービスエリアに立ち北西を眺めると、小高い丘とそれに連なる山塊が目に飛び込んでくる（図17）。平野側から見たとき象の鼻のように見えることから、象鼻山と呼ばれる。一帯は関ヶ原町などとともに、古くより交通の要衝で、幾多の戦乱の舞台となったところである。象鼻山の頂に登ると、濃尾平野が一望できる。近畿から東海地方に入ったとき、一番最初に目に焼き付けておかなければならない光景である。

この頂上に70基もの古墳が築かれている。一辺70～80mに区画した方形の土地に石などを並べ丸く丘を築いた「上円下方墳」（3号墳）が、まず最初につくられる。ここにしかない珍しい形の古墳であり、弥生時代後期（2世紀前半）のものと目される。その直後に方形5号墳、つづく2世紀後半には方形4号墳や円形8号墳が構築された。3世紀後半になって、1号墳が築かれる。東海地方以東に発達する大型の前方後方墳である。象鼻山には、形式も時代も異なる古墳が集中して築かれている。

注目すべきは、古墳群を切る地震痕跡が発見されたことである。

象鼻山山頂からは、およそ20mの間隔をおいて北北西－南南東に平行配列する2本の断層が確認された（図18）。断層1（西側のもの）は約150m、断層2（東側のもの）は80～90m延長され、両者ともに1～2mの落差を持つ正断層である。西側の断層1には、右横ずれが伴われている（図19）。

図18　古墳群を切る断層（養老町教育委員会、2010）

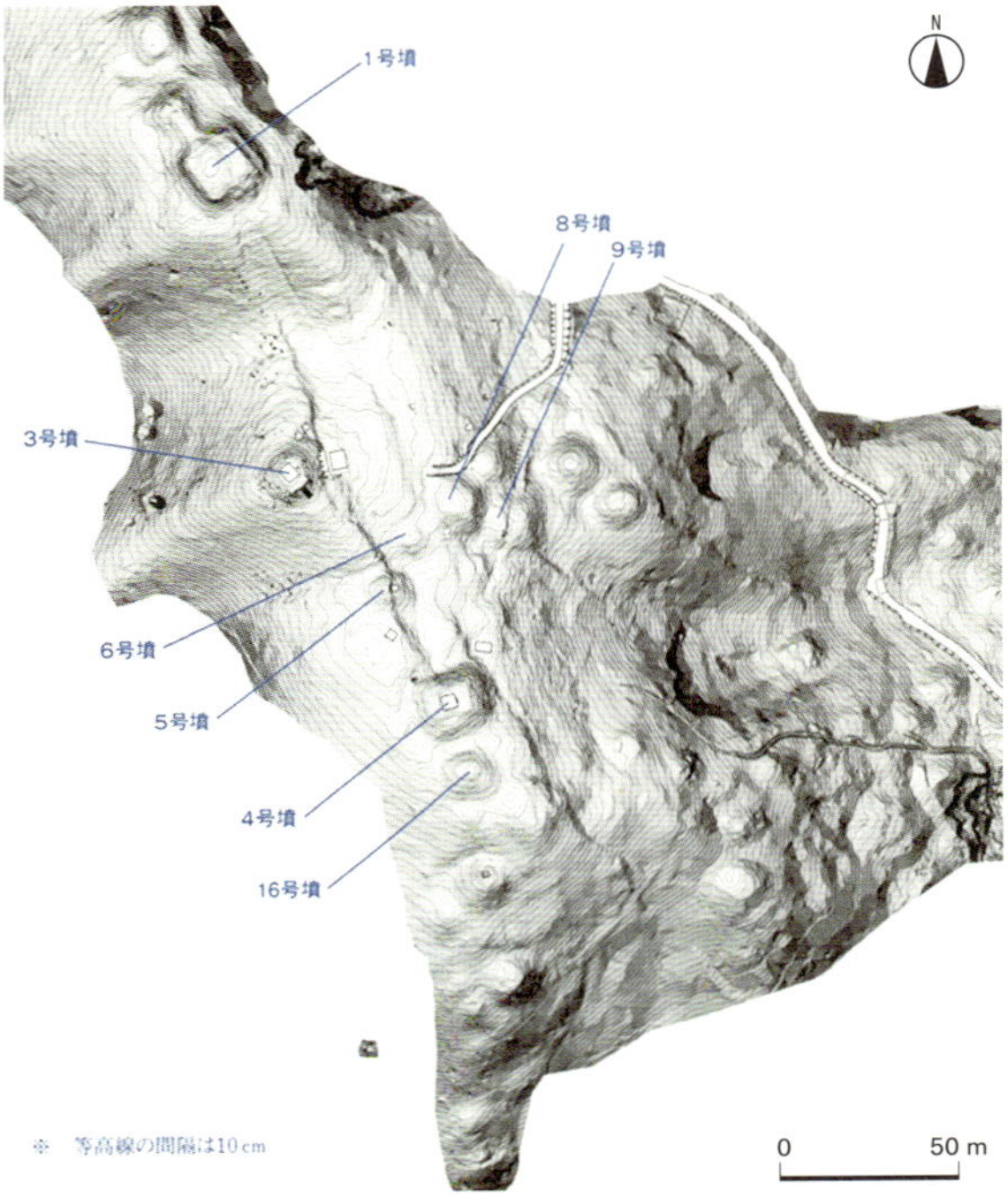

図19　右横ずれを伴う断層

断層と古墳との関係について、発掘調査による所見は、以下のとおりである（養老町教育委員会、2010）。

断層1は、3号墳の東側を通って5号墳をずらし、南側へ延びて4号墳の手前で止まっているように見える。弥生時代後期の象鼻山3号墳築造後に断層活動を生じ（大地震発生）、その断層崖ができたのち、断層線を覆うように4号墳（弥生時代終末期）が築造された、という。

この想定は、象鼻山古墳群が弥生時代後期と弥生時代終末期との間、つまりは西暦150年の前半と限定しうる大地震に襲われた、というものである。

こうした考えをもとに、地震考古学で知られる寒川旭氏をたずねると、「断層に伴う地変は必ずしも直線的でなくてもよく、断層が4号墳を回り込むように生じたと考えれば、この断層活動は象鼻山古墳群築造ののちの、いつの時期の地震であっても問題ない。西暦745（天平17）年の天平地震であっても、1586（天正13）年の天正地震であっても良いことになる」というものだった。

図20　養老断層東麓に発達する三角末端面

より慎重に、という意味で最もな考えだが、これでは考古学者を満足させることにはならなかった。現場で見る限り、発掘担当者の見立ては、十分説得力のあるものだった。

では、象鼻山古墳群に変位を与えた地震とは、いかなる断層活動によってもたらされたのだろう。

象鼻山古墳群が位置する南宮山地の東麓には、宮代断層と呼ばれる断層が走っている。宮代断層は、低位段丘面を3〜6m変位させた長さ約3kmのB級活断層[*]である。宮代断層の南側には、この地域の活断層の中核的存在である養老断層が、約30kmにわたって延長され顕著な断層地形を見せている（図20）。

遺跡発掘やジオスライサー[**]調査の結果、養老断層の延長部では約2000年間でおよそ10m隆起した事実がある（森ほか、1996：須貝ほか、1999）。この変位を引き起こした地震活動には天正地震と天平地震が想定されているが、10mもの隆起が二つの地震で生じたと決まっているわけでなく、3回の地震によって隆起した可能性も考えられる。それに、天正・天平の両地震も養老断層の活動で発生した、と断言できるほどデータは得られていない。

＊　＊　＊

弥生時代後期から古墳時代のはじめ、2世紀前半の日本は大いに乱れた時代にあたる。「倭国大乱」と呼ばれ、倭人は武器をもって戦い、争乱は長く継続した。ちょうどそのころ卑弥呼が登場し、邪馬台国の王位についた、と中国の史書に記されている。その後、3世紀になって大和朝廷に統一され、わが国の原型が整えられていく。

象鼻山古墳群は、こうした動乱の時代を体現している可能性がある。この場所が、大和朝廷の中心地であった近畿と、それに従うことのなかった東海地域の結節点にあたることも重要であろう。

仮に2世紀のはじめ、東海地方を巨大地震が襲ったとすれば、天変地異に伴い人心が乱れたすきに、女王卑弥呼が現れ争乱に終止符を打ったということになる。

象鼻山頂は、弥生時代終わりから古墳時代にかけての、考古学上最も重要な百年間を凝縮した歴史の玉手箱であるのと同時に、活断層の活動周期や地震災害研究を究める格好のフィールドでもあるのである。

象鼻山古墳群の築造期と断層活動との関係は、いまだ十分に解明されていない。象鼻山古墳群における再調査が、真に待たれるところである。

＊**B級活断層**↓第四紀に入って活動した形跡のある断層を活断層という。第四紀の始まりが約260万年前に遡ったこともあり、活断層の定義は、数十万年前以降に活動した断層とされるようになった。活動度によってA級（1000年間に1m以上10m未満）、B級（1000年間に10cm以上1m未満）などに区分されている。

＊＊**ジオスライサー**↓地層を定方位で採取する装置または調査方法をいう。地層を幅広く、連続的に採取し観察できる調査方法として近年、脚光を集めている。

ゆかりの地を訪ねる

象鼻山古墳群がある象鼻山の頂きには、登ることができる。古墳の外形は見ることはできても、地震痕跡はわからない。登山道の入り口に鉄柵があって閉鎖されているが、これは獣害対策のための柵。自ら開けて入ることになる。あらかじめ養老町教育委員会に連絡し、登頂した方が良い。

◉海津市

9 縄文の海

図21　縄文の海（庭田貝塚から見た6000年前の景観）（画；長谷川恵子）

岐阜県海津市南濃町に、庭田貝塚という学史に残る縄文貝塚がある。草木のおい茂る丘に立つと、そこに海があったとは到底思えない。背後に切り立った養老山地が迫り、現在の海岸線からは約25㎞も隔たっている。

縄文時代前期から中期にかけてのころ、ここで貝を採って暮らす人々がいた。貝塚に捨てられた貝は、マガキが圧倒的に多い。ほかにアカニシ・ハマグリ・オオノガイ・イボニシなど。いずれも塩分濃度の高い海域に生息する貝ばかりである。今から6000年ないし5000年前、庭田貝塚では、手を伸ばせば届くほどの位置に海が広がっていたのである（森、1990：図21）。

庭田貝塚から南に2㎞、同じ南濃町内にもう一カ所、貝塚がある。羽沢貝塚である（図22）。貝に混じって見つかった土器片や石器類の組成から、庭田貝塚より約2000年新しい時期の貝塚であることが知られる。羽沢貝塚からは人骨10体分（図23）のほか、人とともに埋葬されたイヌの骨も発見されている。集落が営まれたのは、縄文時代中期から後・晩期にかけての頃という。貝塚の貝を調べてみると、その単純さに驚かされる。ほとんどヤマトシジミだけが採集され、食べられていたのである（渡辺編、2000）。

庭田と羽沢の二つの貝塚の貝類組成が示す違いは、いったい何を示しているのだろうか？

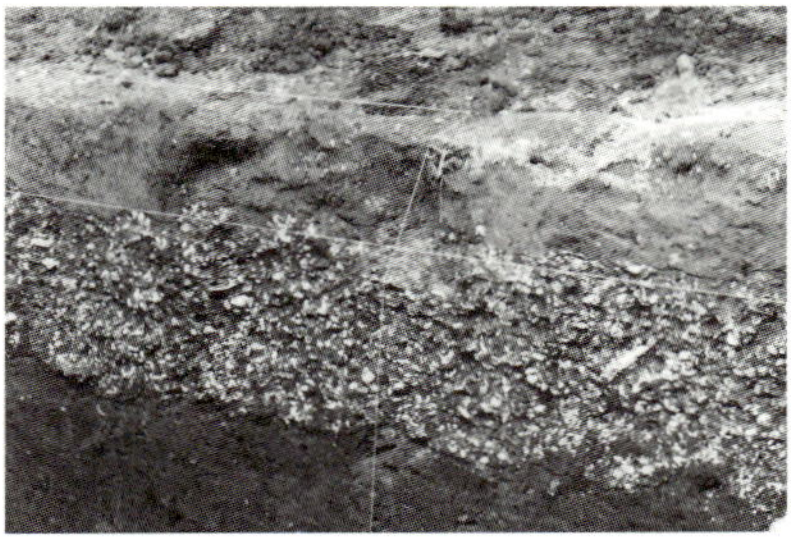

図22　羽沢貝塚の貝層断面（海津市教育委員会提供）

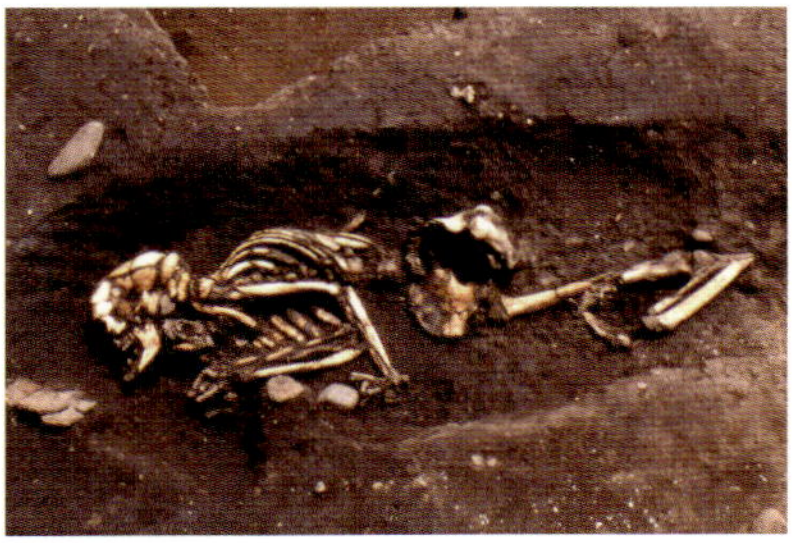

図23　貝塚に葬られた縄文人骨（海津市教育委員会提供）

縄文時代早期から前期にかけてのころ、世界の気候は温暖で海水面は３ｍ近く上昇していた。海水面が高くなると、海に面した平野に海水が押し寄せる。「縄文海進」と呼ばれる。今から６０００年前には、濃尾平野はそのほとんどが海に沈んでいた。温暖な気候のもと、庭田貝塚の人々は豊富な魚介類に恵まれ豊かな毎日を過ごしていた。

時代が下り、縄文時代中期から後期になると、気候の寒冷化とあいまって海岸線はゆっくり海側に退いていった。それに伴って平野が拡大・前進し、かつての海が次第に埋め立てられていったのである。

羽沢貝塚に人が生活したころ、ムラの周りにすでに海はなく、ゆったりと流れる大河が蛇行しながら海に注ぐ雄大なデルタ地帯が展開していたことだろう。現在、海のない岐阜県に立地する庭田・羽沢の二つの貝塚は、縄文時代に生じた地球規模の環境変化を示す生き証人なのである。

ゆかりの地を訪ねる

庭田貝塚や羽沢貝塚が存在した場所には、石碑とともに説明板が立っているので、訪れてほしい。時代が移り変わるにつれ海岸線が後退していったことが体感できる。両貝塚から発見された貝塚や土器・人骨などは、海津市歴史民俗資料館に展示されている。資料館を訪ねると、海津周辺が縄文時代だけでなく、古墳時代や江戸時代において、いかに輝いていたか知ることができ、一見の価値がある。

⑩

◉海津市

名古屋城石垣に三菱マーク

図24　名古屋城と石垣

ひと抱えもある巨大な砂岩。よく見ると、絵のようなものが描かれている。刻印と呼ばれるものだ。

場所は、岐阜県海津市南濃町松山。養老山地の東斜面に発達する扇状地帯である。一面ミカン畑の広がる傾斜地の道路脇に、その石はひっそり置かれている。

ときは慶長15年に遡る。西暦1610年のことである。関ヶ原の戦いに勝利した徳川家康は、余勢を駆って大名たちに名古屋城の築城を命じた。世に天下普請と呼ばれるものである。城を支え、城を守るのは何といっても石垣。名古屋城では、今もそのほとんどが昔のままに残る総延長8・6㎞を越える長大な石垣が築かれた（図24）。石垣をつくるように命じられたのは、日本各地の20名の外様大名である。

家康は、大名たちを相互に競わせ、わずか4カ月で石垣を完成させることに成功した。名古屋城の石垣に用いられた石材は、合計24万個にも及んだという。石垣に適した石材をいかに調達し、どのように運搬したらよいか、築城命令を受けた大名たちの困惑ぶりが目に浮かぶ。

石材の切り出しや加工しやすさ、耐久性、運搬距離などを考慮すると、名古屋城の石垣に用いることができる石材産地は、そう多くない。石材の切り出し場所のことを採石丁場というが、大名が利用した採石丁場は、重なることも多かった。一番多く利用されたのは、

図25　南濃町に置き忘れられた三つ葉紋のある砂岩（田口一男氏撮影）

図26　名古屋城南東隅櫓の石垣（三つ葉紋がみえる；田口一男氏撮影）

当時高須藩領だった養老山地の石切場。「河戸《こうづ》石」の名で呼ばれる中生層の砂岩である（大野、1999）。現在も、南濃町石津では、山の一角が大きくむき出しになっている。この周辺から大量に石材が切り出され、揖斐川を下って伊勢湾に出て、堀川経由で築城現場に運ばれた。石津の名は石の積み出し港を意味し、天下普請のころには、今では想像できないほど賑わった。

石材の所属をはっきりさせておかないと、採石丁場や築城現場で混乱する。そのため、各大名は、藩ごとに目印をつけた。印は大名の名前でも良かったが、人足や石工には字が読めない者が多かったため、誰でもわかる記号がほとんどになった。

南濃町松山の砂岩では、当たり矢と丸の中に三つ葉模様が描かれた刻印が読み取れる（図25）。当たり矢は土佐・山内家の目印として、当時盛んに用いられた。もう一つの刻印は「三つ葉柏紋」と呼ばれる。これも、土佐藩山内忠義の紋章だった。この紋章は、やがて姿を変え、土佐藩出身の岩崎弥太郎が興した三菱グループの商標となったものである。

名古屋城の石垣に残る刻印探しは、お城見学のかくれた楽しみである。名古屋城の石垣には、南濃町松山の扇状地に置き忘れられた石と同じ「三菱マーク」が、４００年の時を越えて刻まれている（図26）。耳をすますと、殺気だった人足たちの息づかいが聞こえてくるようだ。

ゆかりの地を訪ねる

桑名駅から養老鉄道線に乗り、桑名から七番目・石津という無人駅で降りる。駅の東側の道を北に進むと、橋のたもとの交差点に出る。揖斐川にかかる海津橋である。橋をわたって、揖斐川の左岸に立つと、西方に山地を大きく削り取った採石場が見える。今も採取されている岩石は、養老山地をつくる美濃帯のタービダイト砂岩である（田口・鈴木、2015）。黒色頁岩の岩片がところどころに入った特徴的なものが多いが、頁岩の岩片を含まない砂岩もある。

河戸石の語源は、石津の次の駅・美濃山崎北方の「上野河戸」の地名に由来する。上野河戸に位置する行基寺文書中の「寒窓寺薬師如来根元」には、山崎村より蜂須賀至鎮、上野村より細川忠興、河戸村より鍋島勝茂の三大名が、この地から採石したことが記されている（大橋、1982）。

三重県

❶

弥生時代の石器工場

◉いなべ市

図1　玄武岩の枕状溶岩（滋賀県多賀町）

磨製石斧《ませいせきふ》と呼ばれる石器がある。主に木を切り倒すのに用いられた道具だ。この石器には、黒緑色で重量感のある石材が用いられている。

考古学では、遺跡から発見された遺物を割ったり切ったりすることは難しい。そのため、石斧の材質は長い間、よくわからないままだった。岩石カッターで一部を切断し顕微鏡で観察して初めて、この石が緑色岩と呼ばれる玄武岩の一種であることがわかった（森、2012）。

1995年夏、石斧の一大加工センターともいうべき遺跡が発見された。三重県いなべ市宮山遺跡である。遺跡からは、調査の過程で石斧の未製品が大量に見つかった（三重県埋蔵文化財センター、1999）。遺跡の北側に青川が流れ、その源流部の竜ケ岳には緑色岩が分布している。青川の河原には今も大小さまざまな緑色の石が転がっていて、川の名前はこの石の色に由来する。

近年、緑色岩が海嶺上に噴出した枕状溶岩（図1）が急冷してできたものであることが知られるようになった。赤道直下の海底にたまった枕状溶岩はサンゴ礁とともにプレートに乗り、1億数千万年かかって日本近海にまで移動した。その後、長い年月を経てサンゴ礁は石灰岩、枕状溶岩は玄武岩として日本列島の骨組みをつくり、この一部が竜ケ岳付近に露出したのである。

玄武岩は鉄分が多いことから比重が大きく粘りがあり、石斧の材料に適している。また、

図２　朝日遺跡から発見された磨製石斧（愛知県埋蔵文化財センター提供）

海嶺上で生じた玄武岩には方向性があって、磨いて使うのに都合が良い。鉄器が普及する前の縄文時代末から弥生時代にかけ、青川から得られた玄武岩は磨製石斧として大量に加工されている。

弥生時代、中部地方屈指の拠点集落だった清須市朝日遺跡では、磨製石斧の大半が宮山遺跡から運ばれた石でつくられていた（図2）。三重県のいなべ市と愛知県清須市では直線距離で約35㎞あり、その間には越えなければならない養老山地と、木曽・長良・揖斐の三本の大河が流れている。

今から２０００年前、はるか太平洋の彼方の海嶺上に噴出した溶岩でつくられた磨製石斧は、濃尾平野における森林伐採と水田開発に絶大な威力を発揮したのである。

ゆかりの地を訪ねる

宮山遺跡は、東海環状自動車道建設に伴う事前調査の過程で発掘された。遺跡は、いなべ市大安町片樋の員弁川の河岸段丘上に立地しているが、今日、その場所を訪れても遺跡の面影を伺い知ることは難しい。遺跡の北方８００ｍに青川が流れていて、上流の青川キャンピングパーク付近に行くと川の中に緑色の玄武岩が落ちている。あたりは、古生代石炭紀からペルム紀の岩塊を含む付加体の地層で構成されている。当時の人々は、ここで緑色岩を拾ってきて、加工していたのであろう。

2

◉桑名市ほか

地層が語る地球のドラマ

三重県桑名市の丘陵地を造成し工業団地がつくられることになった。かねてより、この場所には、厚さ10mに達する磨き砂が堆積していることが知られていた。磨き砂は、今では台所洗剤に混ぜられ、湯飲みの茶渋をとったり台所の汚れを磨くのに用いられるが、昭和のころには玄米をつくのになくてはならない生活必需品だった。

磨き砂の正体が、火山灰層であることは意外に知られていない。火山灰に含まれる鋭利な火山ガラス片が、茶渋や玄米をそぎ落とすのに使われる。

桑名市の磨き砂は、地名をとって嘉例川火山灰層と名づけられたが、同じ火山灰は三重県のみならず滋賀・京都・兵庫など広く関西一円におよび、東は房総半島や新潟県の地層からも発見されている。火山灰層に含まれる鉱物を用いて年代測定をしてみると、175万年前のものであることがわかった。この時期、日本列島の広範囲を埋め尽くす火山噴火が発生したのである。

図3　北方系昆虫であるエゾオオミズクサハムシの左右上翅

火山灰層の上には泥炭層がおおっていて、中に昆虫や植物の化石が含まれていた。ゲンゴロウやミズクサハムシ（図3）など色鮮やかな昆虫化石が多かったが、それらは北海道やサハリン・中国東北部などに生息する北方系昆虫で占められた（森、1996）。植物化石も亜寒帯や冷温帯に分布するものばかりだった。

造成地の一角に、嘉例川火山灰層を含む地層が激しく褶曲し、目の覚めるよう

図４　丘陵地の一角に現れた目の覚めるような褶曲

な素晴らしい露頭が現れた（図４）。観察された地層や生物化石などをもとに推理の糸をたどると、およそ以下のようなストーリーを描くことができる。

１７５万年前、列島中央部に位置した火山が大噴火した。火山灰は地表を広くおおい、空高く舞い上がった灰は成層圏にまで達し太陽光を遮った。やがて地球は氷河時代に突入し、しばらくして寒冷化した日本列島に北方系の生きものが渡ってきた。その後、大地を揺るがす地殻変動が発生し、地層を変形させ持ち上げた。

一つの露頭に、我々の想像をはるかに超える壮大な地球のドラマが秘められている。

ゆかりの地を訪ねる

桑名市多度町力尾の嘉例川火山灰層と、この上位に堆積した氷期の化石を含む地層は、その一角が保存され、２０１４年10月には桑名市の天然記念物に指定された。地質関連の天然記念物は市では初めてであり、火山灰層の露頭の指定は全国的にも大変珍しい。これに先立つ調査では、日本各地より第四紀学や古生物の専門家が参加し「多度力尾地区東海層群学術調査団」が結成され、地形・堆積相・大型植物化石・昆虫化石・花粉化石・珪藻化石などの研究が進められた。その成果は、『三重県嘉例川火山灰層発掘調査報告書』（２０１３）として刊行されている。

③ ◉桑名市

中学生の好奇心をかきたてた階段状地形

図5　桑名断層に伴う段差（円妙寺の建つ地形面）

スマホやデジタルカメラで写真を撮る時代ではおよそ想像できないことだが、フィルムの現像・焼付をお願いしたカメラ屋さんと、撮影写真について話題になることがある。写っている写真が人物や風景だけならカメラ屋さんにも珍しくないだろうが、地層や岩石ばかりだと、このお客さんはどんな仕事をしているのだろう、とついつい聞きたくなるようだ。顕微鏡写真をいつも現像してもらっている筆者も、同じような経験をした。

三重県立桑名高校は、県下でもトップクラスの進学校だ。そこから西へ１００ｍほど行った道路沿いに、貝塚カメラという名の写真屋さんがある。私の友人の一人が、その日大量に地層の写真を持ち込んだところ、「わたしの叔父さんも、同じような写真ばかり撮っていた。ところで、お客さんは、その名前知ってますか?」と、たずねられたという。

桑名が生んだ著名な地形学者・貝塚爽平その人である。

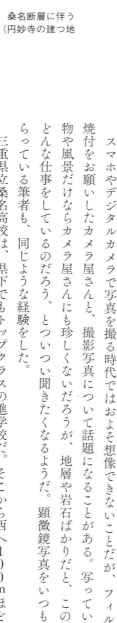

貝塚氏は、桑名中学（のちに桑名高校）に通っていたころ、通学路に細長い丘の列があるのを見つけ、それがどうしてできたか疑問に思ったという。東京大学理学部地理学科で地形学をきわめ、東京都立大学で多くの地理学者を育てた貝塚爽平の原点は、断層によって生じた郷土の階段状地形だったのである。

桑名断層を実際に歩いてみよう。桑名駅の西口を出て、一本道を歩き右に桑名信用金庫がある信号交差点を左折する。少し進むと右に曲がる道がある。左側に円妙寺、大福田寺、県立桑

図6　桑名高校の地形面から下段に降りる急坂

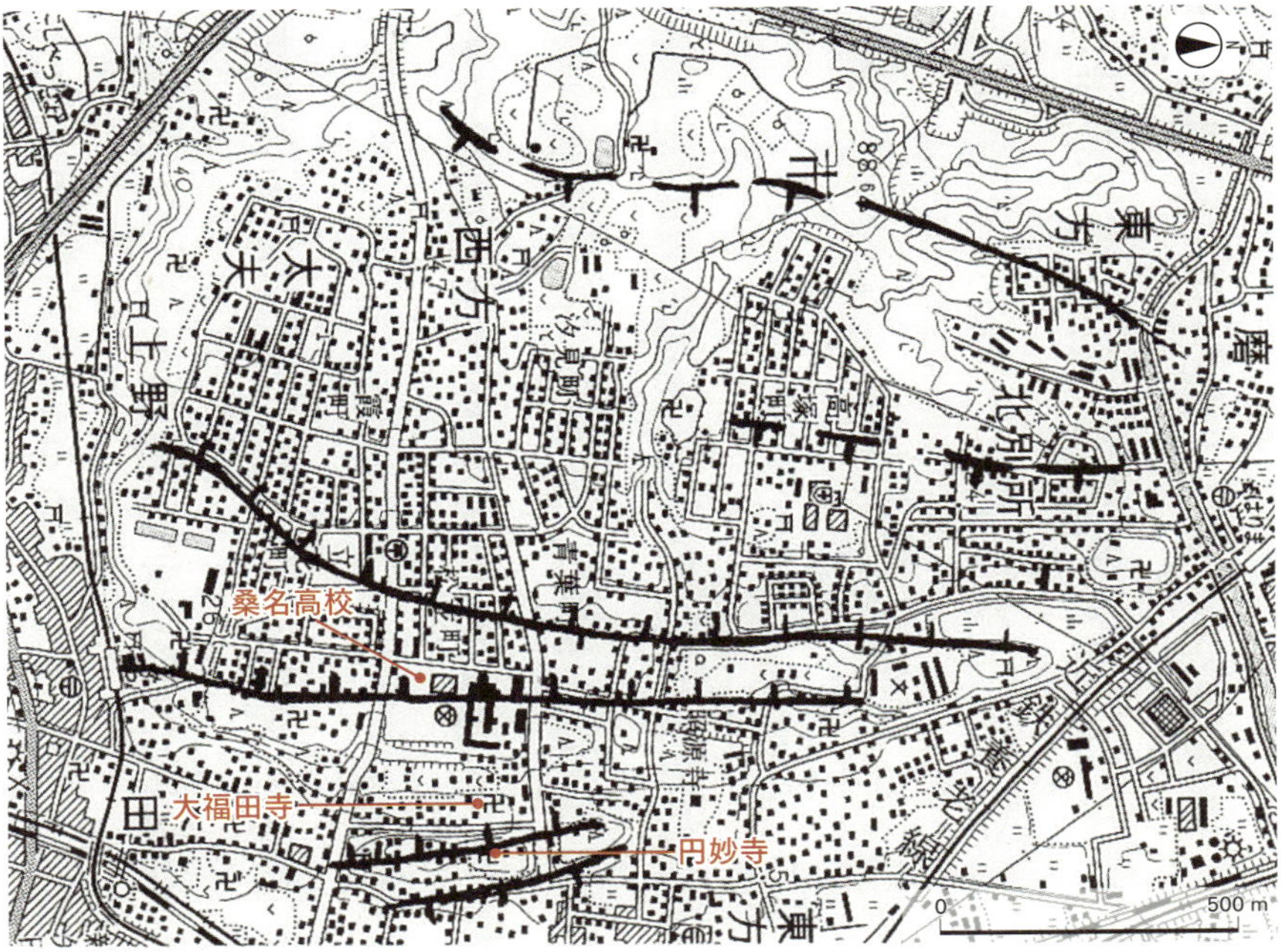

図7　桑名断層周辺の地形図（国土地理院、2001 より）

名高校と順に並ぶ坂道である。円妙寺の建っている地形面に上がるのに一段（図5）、大福田寺の建つ地形面に上がるのに一段と、階段状の丘の列が並行して配置されているのを体感することができる。地形面の食い違いは、さらに桑名高校の西側でも認められ、計四段の階段状地形が発達している。標高差は四段合わせて30mにも及び、丘陵全体ではおよそ60mの高度差が生じている。

同じ地形を確かめるために、桑名高校西側の道を南へ進み、大きな道路にぶつかったら、今度は下に降りてみよう（図6）。道路そのものは坂道で下っているため、どこに段差が存在しどの部分に断層が走っているか、地形図（図7）を見ながら調べてみるとよい。

図８　桑名断層に伴う段丘面の変位（太田・寒川、1984 を改変）

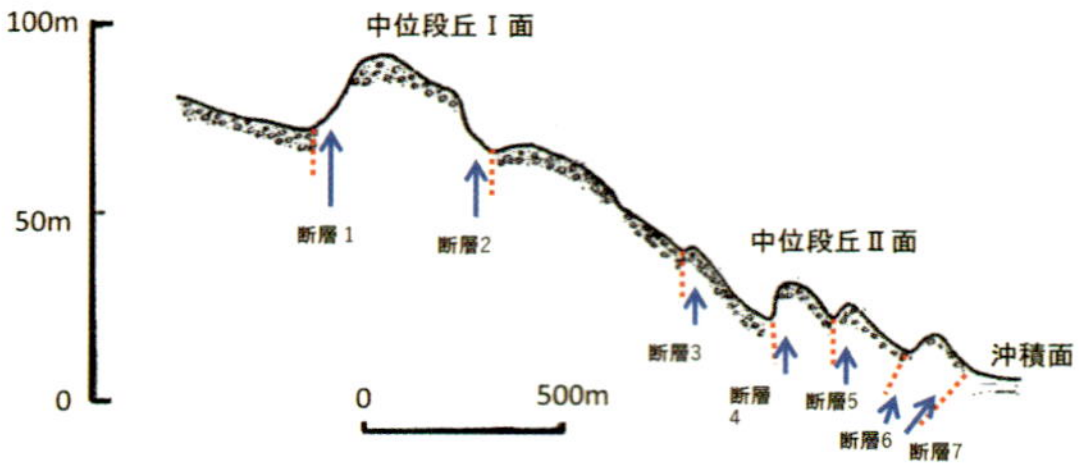

道路を下るのみならず、登ってみても断層の存在に気づくことができるので、ぜひチャレンジしてみよう。

桑名断層についての研究は、「桑名市西部の断層地形」として、貝塚氏により第二次大戦後すぐにまとめられ（貝塚、1950）、その後、多くの地形学者や地質学者の研究対象になった（太田・寒川、1984：森ほか、1996）。桑名駅西方の丘陵地には東海層群が分布しており、これを不整合に被う2面の中位段丘堆積物がのっていて、堆積物は東に向かって傾斜している。

ここには、合計7本の東西性の断層が存在することが確認されている（太田・寒川、1984）。最大のものは中位段丘堆積物をおよそ20m持ち上げ、その４００ｍ東側でガクンと約15mも落ち込ませている（図８）。この上を通る道路のアップダウンは、驚くほど大きい。

こうした地形が、活断層が動くことによってできることは、多くの研究者によって調べられ、現在では、この場所に発達する何段もの断層崖は「養老・桑名・四日市断層帯」と呼ばれるAクラスの活断層（本書「岐阜８」の注参照）の一部とみなされるようになった。

ゆかりの地を訪ねる

桑名駅はＪＲと近鉄、養老鉄道が同じ駅舎の中にある。東口にくらべ西口はややさびれていて、改札を出ると西方に小高い丘がある。その丘が問題の桑名丘陵である。地層を観察することはほとんどできないが、坂道のところどころに礫層（中位段丘堆積物）が露出している。丘陵の南端に走井山《はしりいさん》公園があり、そこに立つと桑名断層によって持ち上がった高低差を体感できる。

◉津市

④ オオミズスマシ――350万年前の熱帯の記憶

図9　カンボジアのアンコール・トム南門付近

12～13世紀のころ、カンボジアに栄えたアンコール文明、その中心がアンコール・トムである。アンコール・トムは「大きな町」を意味し、幅113mの環濠と、高さ8m、一辺3kmの城壁に囲まれた都城が築かれた（図9）。最盛期には、都城の中だけで50万人もの人が住んだという。アンコール文明は、15世紀の中頃、歴史の表舞台から突如として姿が消える。その謎を探るため、環濠内と貯水池にたまった地層のボーリング調査が実施され、筆者も参加した。

西バライとされる貯水池にボートを浮かべたとき、池の表面をクルクルと泳ぎ回るムシの姿が目にとまった。調査のかたわら、何気なくそれを採集し、持ち帰った。体の側面が虹色に輝く、美しいミズスマシだった。この標本が、のちに重要な役割を果たすことになる。

2011年1月、津市の丘陵地を造成し、三重県総合博物館の建設工事が進められようとしていた。建設現場の一角から、ゾウの足跡化石が見つかり、同じ場所からワニやシカ・魚をはじめ多くの脊椎動物の骨や歯の化石がぞくぞく発見された。化石を含む地層は、東海層群亀山層と呼ばれるおよそ350万年前のもの。地層中に、タニシの化

図10　ツマキレオオミズスマシの化石種

図11　別のタイプのオオミズスマシの化石

石が無数に含まれることから、当時、水たまりのような環境であったことが想像された。

タニシの化石を掘り出しているとき、地層表面が青紫に光り、陽にかざすと虹色に輝くのが見えた。思わず、「ヤッタ」という声が出てしまった。350万年も前の地層から昆虫化石が発見されることは、そう多くあることではない。頭部・胸部とともに、両ばねのそろった、ほぼ完全な姿の昆虫化石であった（図10）。そのうえ、この化石には、生きていたころの美しい色が保存されていた。

博物館建設地から見つかった昆虫化石を、アンコール・トムの貯水池で採集したミズスマシと比べてみた。よく似ている。カンボジア標本は、亜熱帯から熱帯にかけて生息する、ツマキレオオミズスマシという名の水生昆虫だった。ツマキレオオミズスマシは、日本では、鹿児島県のトカラ列島以南から知られていて、分布の中心は明らかに熱帯にある。

三重県総合博物館は、2014年4月19日にオープンしたが、博物館地下に広がる地層には、今も350万年前の記憶が閉じ込められている。それは、ツマキレオオミズスマシ化石種（森、2014）の住む、現在のカンボジアのような熱帯の水辺の記憶である。

＊　＊　＊

三重県総合博物館建設地から発見されたオオミズスマシには二つのタイプがあり、その一つは、はねの側面が青藍色で虹色に輝くタイプ。カンボジアのアンコール・トム貯水池にいたオオミズスマシと同じ特徴を持つツマキレオオミズスマシの化石種。もう一つは、はねの中央に金銅色のストライプがあり、細長で翅端部が尖るタイプのオオミズスマシ（図11）。後者は、現生種に対比しうる昆虫が見つかっていない。あるいは、絶滅してしまったオオミズスマシなのかもしれない。

ゆかりの地を訪ねる

ツマキレオオミズスマシの化石が発見されたのは、三重県総合博物館（みえむ）が建設された場所である。博物館に入場し、ミエゾウの全身骨格が展示されているところに立ち東側の窓から覗くと、小さな崖が見える。そのあたりに、化石を含む泥岩層が位置していた。

⑤

◉津市

三角珪藻が語る謎の海水膨張

図12　三重県庁駐車場の崖

2014年、冬季オリンピックが開催されたソチは、黒海に面したロシア連邦随一の保養地として知られる。夏涼しくて冬暖かい。気候が穏やかなのは、ソチの南西方に広大な黒海があるからである。黒海の語源は黒っぽい海水に由来するということだが、黒海が海水化したのは一万年前以降のことである。それ以前は、数百万年間ずっと淡水の湖だった。

黒海では、DSDPと呼ばれる国際協力のボーリング調査が何度もおこなわれてきた。黒海は、現在イスタンブール東側のホスポラス海峡を通じて地中海とつながっているが、長い間、海水とは無縁の淡水湖であった。海水の侵入は、今から約9000年前の海面上昇期とされ、それは日本でいう縄文海進の時期と一致している。この時期、地殻変動の影響もあって地中海から一気に海水が流れ込み、黒海は海水環境となった(Schrader, 1978)。このほかに、黒海ではたった一度だけ海水の侵入、を受けた証拠がボーリング試料に記録されている。約350万年前のことである(Schrader, 1978)。いったい、何があったのだろうか?

ひょんなきっかけから、この事件と関係するかもしれないできごとが明るみになった。

三重県津市の県庁北側の駐車場登り口に小さな崖がある(図12)。ここに火山灰層に似た白い地層が露出していた。この地層を採取し、何気なく顕微鏡でのぞいてみた。見たことのない不思議な形の珪藻化石が入っていた。東海層群亀山層に属し、河川によって運ばれたおよそ350万年前の地層である。東海層群亀山層はタニシやコイ科の咽頭歯、昆虫化石・植物化石などを産し、これまで誰も淡水成の地層と信じて疑わない堆積物であった。この中に、明らかに海水生と考えてよい三角形の珪藻化石が大量に含まれていたのである（森ほか、2014）。

化石の名を、シュエッティア・アニュラータという。日本では、これまでほとんど記録されてこなかった珪藻である。西アフリカのナイジェリアやシエラレオネの河口、インド南端の沿岸部から報告され（Hasle and Sims, 1986 ほか）、マングローブが茂る浅い海の泥底に生息するとされている（図13）。

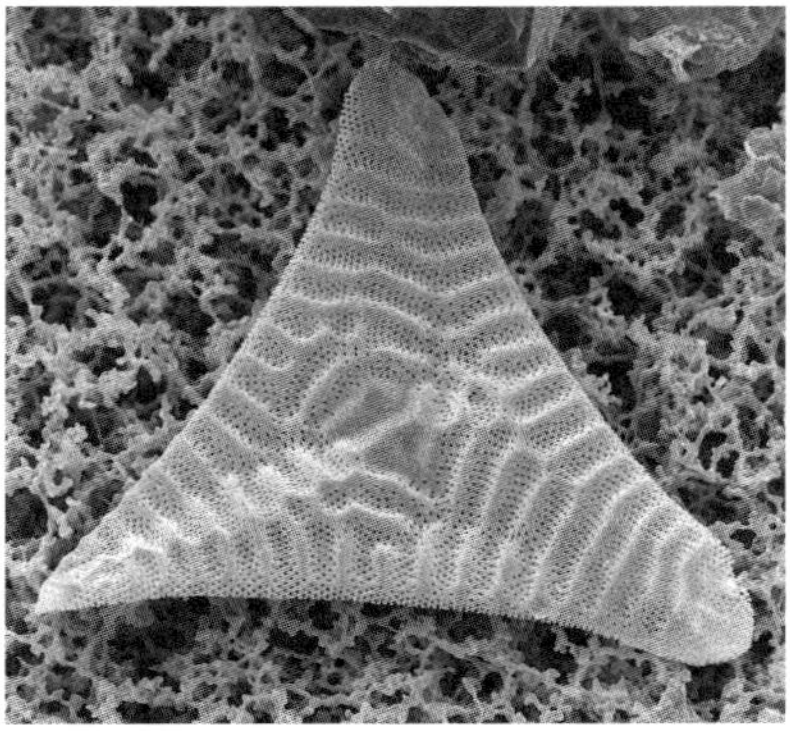

図13　シュエッティア・アニュラータの電子顕微鏡写真（大きさ30 μm）

シュエッティア・アニュラータは、他の海生珪藻とともに黒海のボーリング試料からも見つかっていて、黒海に海水が侵入したことの重要な手がかりになった珪藻である。

当時、太平洋に面していた三重県の津市と、地中海に隣接した黒海の地層中に、大量に海水が流入する一大イベントが350万年前、ほぼ同時に発生したのである。地球規模の海水膨張がなぜ生じたかその原因は依然謎に包まれているが、この頃は中期鮮新世温暖期とされ、地球上の海水面は約25mも上昇していた。三重県庁駐車場横の崖から見つかった三角の形をした珪藻の生態を調べることにより、350万年前のできごとが解き明かされるだろう。

＊　＊　＊

かつて、東海層群の地層は「東海湖」と呼ばれる湖に堆積した地層とされてきた。砂礫層と砂やシルトの互層からなる東海層群が湖にたまった地層であるはずがなく、この考えは今では否定されている。しかし、三重県の津市周辺に限っていえば、層厚およそ30mにも達する片田粘土層（吉田ほか、1995）の存在が知られており、中には淡水浮遊生の珪藻が多数含有される。筆者らは、この種の堆積物こそは、湖にたまったものと考えている。東海湖という名称との混同を避けるため、この湖は「安濃津湖」（森ほか、2015）と呼ぶよう提唱している。となると、シュエッティア・アニュラータを含む海水は、安濃津湖の一角に流れこんだ海水氾濫だったことになる。

ゆかりの地を訪ねる

海水氾濫の証拠を含む分析試料は、三重県庁北側の駐車場登り口の露頭から得られたものである。採取場所を確かめることはできるが、現在、柴が生えていて地層そのものを見ることはできない。安濃津湖にたまったと考えて良い片田粘土層は、津市片田田中町の県道163号線南側の露頭で見学することができる。

⑥

◉伊賀市・津市ほか

３５０万年前　ゾウの王国

図14　伊賀市の服部川河床から発見されたゾウの足跡化石

長い鼻に大きな体、愛くるしい目のゾウは、動物園の人気者だ。ゾウは、現在、アジアやアフリカなど熱帯地域の森林地帯にすんでいる。言うまでもなく、最大の陸上動物である。

今からおよそ３５０万年前、東海地方にもゾウがいた。肩の高さが３・８ｍにも達する巨大なゾウだった。三重県津市芸濃町で最初に発見されたことから、ミエゾウと呼ばれる。

三重県伊賀市の服部川河床の地層から、多数のゾウの足跡化石が発見されたのは、１９９３年のことだった（図14）。その後、足跡化石は、同県亀山市の鈴鹿川河床、鈴鹿市の御幣川河床などから見つかり、２０１１年5月には津市の三重県総合博物館建設地の地層からも発見された。このほか、岐阜県大垣市の牧田川河床では、ミエゾウより小型のアケボノゾウの足跡化石が見つかっている。

足跡化石は、地層中に含まれる骨や歯の化石と異なり、生き物がその場所に確実にいたことを示すものとして重要である。行跡をたどると、伊賀市の足跡化石からは二頭のゾウが連れだって歩いていたことがわかる（服部川足跡化石調査団、1996）。津市の足跡化石では砂地の地層を降りて湿地に向かうゾウの足取りを追うことができる。

足跡化石を含む地層中の化石から、シカやサイ、鳥類・ワニ・スッポンだけでなく、コイやナマズ、タニシやカワニナなどの貝類はじめ、多くの生き物が

図15　復元されたミエゾウ（三重県総合博物館にて）

生活する水辺の生態系が蘇る。湿地の周りには、ヤナギの仲間やハンノキなどが生え、色鮮やかなムシたちが飛びまわっていた。350万年の昔、東海地方はゾウの楽園だった。

ゾウの足跡化石が発見され、ワニやシカ・カメなど多くの動物化石が発見された津市一身田上津部田の丘陵地の一角に、三重県総合博物館が建設され、2014年4月にオープンした。エントランスホールには、復元されたミエゾウの骨格標本が展示されている（図15）。2014年夏には、開館記念企画展「でかいぞミエゾウ！～化石が語る巨大ゾウの世界～」が実施され、3万7899名の人々が見学した。

企画展のなかで、ミエゾウとアケボノゾウの関係が示され、アジア大陸から渡ってきたステゴドン属のゾウが、大型のミエゾウから小型のアケボノゾウへと進化したのは、狭い日本の国土に適応したのが原因だったという考え方が示され、話題をよんだ（三重県総合博物館、2014）。

ゆかりの地を訪ねる

ミエゾウの化石を近くで見るには、やはり三重県総合博物館（みえむ）が一番だろう。津駅からバスが出ている。歩いても約20分の距離である。地学担当の中川良平学芸員は化石にとても詳しい。アケボノゾウの全身骨格なら、滋賀県多賀町にある多賀町立博物館が町内から発掘された良い標本を展示している。

⑦ ◉伊賀市

川がつくる天然ドリル「逆柳の甌穴」

三重県伊賀市高尾に不思議な甌穴《おうけつ》がある。甌穴とは、一般には耳慣れない言葉だが、侵食力の大きな河川にしばしば見られる。川床のくぼみに入り込んだ石が回転運動するたびに河底を削り、長時間かけて丸い穴に成長したものだ。ポットホールとも呼ばれる。

岐阜県七宗町の飛水峡、埼玉県秩父長瀞、大分県耶馬溪の猿飛峡、宮崎県都城市関之尾の甌穴などは、いずれも規模が大きいなどの理由で国の天然記念物に指定されている。

逆柳《さかやなぎ》の甌穴は、直径1・5m、深さ4mのものと、直径3m、深さ1・2mの二つが並んでいて、地元では「雄井戸」と「雌井戸」と名づけられている。日本各地の国指定の甌穴とくらべ、遜色ないほど深く大きい（図16）。

図16　井戸さらえ中の雄井戸（千方伝承会提供）

この地には、平安時代四鬼を従えて反乱を起こしたという藤原千方《ちかた》にまつわる伝承があり、その昔千方に討ち取られた首が井戸に投げ込まれたという。そのため、雌雄の井戸は血首井としてまつられ、今も井戸さらえや雨乞い行事の舞台となっている。

現地を訪れると、まず甌穴をつくった木津川水系床並川の小ささに驚かされる。川幅は最大でも五メートルしかなく、平常時の流速は信じがたいほど小さい。川底に露出する岩石は、今から約1400万年前の室生火砕流堆積物の一つである溶結凝灰岩（室生団体研究グループほか、2008）で大変硬い石だ。そこに、どうしてこんなに大きな甌穴ができたのだろうか。

　調べてみると、なるほど素晴らしいしくみが備わっていることが明らかになった。川に天然のドリリングマシンを二基設置したようなものだ。床並川は、雄井戸地点の前で急に傾斜が大きくなり流速を増して流れ落ちている。その前方に室生火山岩の巨大な壁が立ちはだかるため、ここで川は90度左に曲げられる（図17）。おそらく横ずれ断層が通っているのだろう。川が曲がるため勢いよく落ちる流速のエネルギーは回転運動に変わり、穴に入った硬い石が効率よく川底を削る。雌井戸地点では、今度は右に90度曲がり、やはり流速の大半が下方侵食に使われて甌穴を成長させる。

　現在では、床並川の下流部に砂防堰堤が設置され流速は小さくなったが、それでも大雨が降ると川の流れは一気に増して甌穴の底を深くする。逆柳の甌穴は、その地質学的背景とともに2013年3月三重県天然記念物に指定された。

図17　甌穴の手前で直角に曲がる床並川

ゆかりの地を訪ねる

　逆柳の甌穴が県天然記念物に指定されたのをきっかけに、長い間とだえていた甌穴まつりが復活した。2014年夏には、高尾住民自治協議会千方伝承会が中心となって、盛大な甌穴まつりが実施された。床並川の上流をせき止め、甌穴の底にたまった石を取り除くなど井戸さらえを行ったあと、藤原千方や千方に討ち取られた人々の霊を鎮めるための読経、願い事をかなえるため厄除け石を甌穴に投げ入れる祭事は、年に一度おこなわれる。見学はこのときに合わせて行くのがよいだろう。

⑧ ◉鳥羽市

32トンの大型恐竜トバリュウ

図18　恐竜発掘現場（鳥羽市安楽島海岸）

恐竜人気は、スゴイ。とくに子どもたちには絶大だ。私も恐竜化石の展示会を何度も見に行ったことがあるが、会場はいつも人であふれかえっていて、展示物を満足に見ることができたことはほとんどない。

少し前なら恐竜と名のつく化石が見つかるだけで、博物館が一つできてしまうくらい恐竜化石の価値は高かった。老朽化した博物館を建て直したいという願いのあった三重県で、恐竜化石が発見されたのは、1996年夏。前年には阪神大震災が発生し、地下鉄サリン事件やオウム真理教問題で、世相が騒然としていたころのことだ。

志摩半島東部、鳥羽市安楽島《あらしま》の海岸から恐竜化石発見！　というニュースは、翌朝の新聞紙面をデカデカと飾った。恐竜化石を掘り出すため、知事を団長とする「三重県大型化石発掘調査団」が組織され、のべ3週間にわたって発掘調査がおこなわれた。化石は、約1億4000万年前の中生代白亜紀の地層中から見つかった。現場は海に面した崖になっていて、引き潮のときだけ地層が海から顔を出す、難しい発掘現場だった（図18）。

発掘された化石は、大腿骨・上腕骨・橈骨・脛骨・腓骨など足の骨に関わるものが多く、ほかに座骨や椎骨も見つかった。この化石は、発見された鳥羽市の名をとって、トバリュウと名づけられたが、同じ地層には海にすむ放散虫化石や貝化石などが含ま

図19　トバリュウの右大腿骨
（三重県総合博物館写真提供）

れており、恐竜は海岸に流されて化石になったものと考えられる。

掘り出された化石をクリーニングしてみると、大腿骨1・3m、上腕骨は1・2mにもなり、トバリュウは足が太くがっしりとした体つきの草食恐竜であることがわかった（図19）。大型恐竜として知られるブラキオサウルスやディプロドクスに近いティタノサウルスという名の恐竜である（三重県大型化石発掘調査団、2001）。トバリュウは全長16～18m、体重は32トンと推定され、これまで日本で見つかった恐竜のなかで一番大きい。

こんな恐竜が、大地を歩いていたと想像するだけで胸がワクワクする。中生代白亜紀という時代は、恐竜たちの最後の楽園だった。目をつぶってトバリュウが躍動していた姿を思い浮かべてみよう。それがどのようにして死に、埋もれ、そして今日に至ったのか？　想像力をたくましくしながら、トバリュウに会いに行こう。2014年4月オープンした三重県総合博物館では、トバリュウの大腿骨が同じ鳥羽市から発見されたイグアノドン科の足跡化石とともに展示されている。

＊　＊　＊

現在使用されている小学校六年の理科教科書には、どの出版社も恐竜が大きく扱われている。福井県勝山市で発見されたフクイサウルス、石川県白山市で中学生が見つけたカガリュウなどは、復元模型や復元骨格などとともに紹介されている。つまり、日本の小学生は、誰もが恐竜について学校で習い、想像力を膨らませているのである。

愛知県のある小学校で、6年生計140人にどんな恐竜を知っていて、どんな恐竜が好きかたずねると、第一位は断然、ティラノサウルス（132票）。つづいてトリケラトプス（94票）。次は、少しあいてフクイサウルスの名があがる（67票）。やはり、教科書で習った恐竜は、印象が強くよく覚えている。教師が、教科書にどれくらい肉付けして恐竜を教えたか、というのも関係があるのだろう。日本の子どもたちは、文句なく恐竜が好きだ。

ゆかりの地を訪ねる

恐竜化石が発掘された鳥羽市安楽島海岸は、近鉄鳥羽駅から直線距離で約４㎞、白根崎の付け根付近の崖下にある。満潮になると化石の発掘現場の大半は水没してしまう。周辺の地層は大変複雑で、断層や不整合などが発達するグチャグチャの地層（メランジュと呼ばれる）に囲まれて恐竜化石が発見された。今後、新たな恐竜化石が見つかる可能性も十分考えられる。

9

◉津市ほか

天狗の爪はサメの歯だった!

化石採集は楽しい。予期せぬものが発見されたときなど、それまで採集していた化石のことを忘れ、新たに見つかった化石掘りに没頭する。サメの歯の化石には、そんな魅力がある。キラリと輝くエナメル質の光沢と、両側に配されたギザギザは、肉食恐竜の歯にも似る。

三重県津市美里町。約1600万年前の貝化石が出る場所として有名である。分布する地層は、一志層群。ホタテガイやカキなどの二枚貝、キリガイダマシ・ヒタチオビ・タマガイなどの海生の巻き貝が多産するが、しばしばサメの歯も見つかる。いっしょに出かけた一人が、サメの歯を発見すると、他のみんなもサメの歯探しに夢中になる。サメの歯にもいろいろの形があり、鋭く尖った牙のような歯、二等辺三角形の歯、人の爪のような形の歯など、集め始めると、形や大きさがさまざまで面白い。

図20　サメの歯の化石（大野芳樹氏採集標本）

江戸時代には、サメの歯の化石（図20）は「天狗の爪」と呼ばれて珍重され、お寺や神社の宝物になったりした。化石が山の中から単独で見つかることが多かったのも、天狗の爪伝説をもっともらしくした。今では、天狗の爪は体長15mにも達するホホジロザメの仲間の歯の化石だったことがわかっている。サメの歯に、体の骨が伴われないのも、歯がバラバラになって見つかるのにも理由がある。

サメ類のルーツは古く、およそ4億年前の古生代デボン紀には、すでに地球上に姿を現した。しかし、その実体はよくわかっていない。サメは軟骨魚類に属し、化石と

図21　アオザメの歯と口の中（愛知みずほ大学・川瀬基弘氏写真提供）

して骨を残さない（豊橋市自然史博物館、2011）。軟骨は、ヒトの耳や鼻の骨に似て柔らかいため、土に埋もれると速やかに分解されてしまう。サメは、クジラや魚など大型の海生生物を襲い、鋭い歯で肉を食いちぎる。その際、あごの前方に生えた歯が容易に脱落してしまうのだ。サメの歯は、一番前のものが抜けると、次の歯がエスカレーターに乗せられたように前に移動し生え換わる。サメの口の中に、ものすごい数の歯がびっしり並んでいるのは、こうした仕組みがあるからなのである（図21）。

サメは、漢字で鮫と書く。サメが魚には珍しく、交尾することに由来する。直接子どもを産む胎生や卵胎生の種類もいて、硬骨魚類とは異なる進化の道筋をたどってきた。映画ジョーズで知られるように、海のギャングとして悪者扱いされるサメ。フカヒレとして中華料理の高級食材になくてはならないサメ。はんぺんやかまぼこ原料としてふわふわ食感を出すのに利用されるのもサメ。一方で、サメは絶滅の恐れのある希少魚でもある。

＊　＊　＊

写真のサメの歯化石には、少し説明がいる。この化石は、愛知県立松蔭高等学校長の大野芳樹氏採集の標本である。

大野氏は、筆者の高校時代の教え子の一人。大野氏は、共通一次テスト（現在のセンター試験）で理科が二科目必要だった時代に、地学で共通一次テストを受験し地学を二次テストに選択して大学入試に臨むクラスに所属していた。「地学クラス」と呼ばれた。愛知県立津島高校では、そんな地学クラスがふつうに成立していた。今では考えられないことである。大野氏は陸上競技（やり投げ）を極め、その特技を伸ばすべく日本体育大学に進学した。

大学一年のとき、造成して間もない横浜市青葉区の健志台キャンパスのグランドの脇に、サメの歯が落ちているのを見つけ、夏休みに帰省したおり、私のところまで届けてくれた。それが、写真の標本である。高校地学の授業が、こんなふうに一人の大学生のこころの中に生きている、とうれしく思ったものである。化石は、キャンパス付近に分布する上総層群王禅寺層の海成層に含まれていたものであろう。津市美里町の一志層群のものよりは、一時代新しい。

ゆかりの地を訪ねる

サメの歯の化石を産する津市美里町の一志層群は、雲出川水系長野川の川原に露出する。海産貝化石とともに、まれにサメの歯が発見される。水系は異なるが、美里町三郷の柳谷には、大きな岩石に全面貝化石が張り付いた化石床が露出し、県の天然記念物に指定されている。一志層群から発見されたサメの歯の化石は、三重県総合博物館に展示されている。

⑩ ◉熊野市・尾鷲市

圧巻の大パノラマ――楯ケ崎の柱状節理

楯ヶ崎に行くには、熊野市の大泊港から船が出ている。国道311号線から陸路行くこともできるが、海上から見上げる圧倒的スケールの柱状節理は陸地からの光景とはまったく異なる。

熊野市甫母町の楯ヶ崎に位置する花崗斑岩*の柱状節理は、高さ80～100m、幅600mに及び、熊野灘にそそり立っている。「楯を並べたよう」と形容されたが、筆者にはアコーディオン・カーテンを引いた劇場のように見えた（図22）。

図22　海上から見た楯ヶ崎の柱状節理

楯ヶ崎の柱状節理をつくる花崗斑岩*は、新生代新第三紀中新世に噴出した熊野酸性岩（類）と呼ばれる火山岩体の主要メンバーの一つ。熊野酸性岩には、凝灰岩や流紋岩などの岩体も含まれる（笹田、1988）。

熊野酸性岩は、1400万年前に生じた世界最大規模のカルデラ噴火ののち、大隆起したもの（NHKスペシャル列島誕生ジオ・ジャパン制作班、2017）という。熊野地方に半円状に広がる巨石群、たとえば和歌山県古座川町にある、国の天然記念物「古座川の一枚岩」も、紀伊半島に点在する温泉、湯の峰温泉や川湯温泉なども、紀伊半島地下に20kmにわたって火山岩体が伏在することに起因している。

それは、ユーラシア大陸の一部であった日本列島が大陸から離れ（「第1の事件」）、火山島を乗せたフィリピン海プレートが北に移動して西日本の端に衝突し（「第2の事件」）、そののち起こった「第3の事件」ともいうべき、地球規模の火山噴火だった。ちなみに、N

図23　鬼ヶ城の巨岩（熊野酸性岩類の一種凝灰岩）

スペ制作班のシナリオにいう「第4の事件」は、北向きに移動していたフィリピン海プレートが北西方向に向きを変えたことだという。これに太平洋プレートの沈み込むラインが連動し、強力な東西圧縮が加わるようになって、今日見る日本の山々が形づくられた。楯ヶ崎の柱状節理は、次に来る第4の事件を連想するのに十分過ぎるほど、圧巻の大パノラマである。

ここで激動の日本列島・誕生の物語を決定づけた大事件について、確認しておこう。第1の事件は「大陸からの分離」、第2の事件は「火山島の衝突」、第3の事件は「世界最大規模のカルデラ噴火」、第4の事件は、「山国をつくりあげた『東西圧縮』」ということになる。

三重県南部の熊野市や南伊勢町・尾鷲市周辺には、楯ヶ崎の柱状節理のほか、「世界最大規模のカルデラ噴火」を物語る地形・地質の観察ポイントが随所にある。花火大会で有名な熊野市の海岸には、太平洋に向かって吠える獅子の口を思わせる高さ25mの断崖があり、獅子岩と呼ばれる。これは、海食洞として有名な鬼ヶ城とともに、1958年に国の名勝天然記念物に指定された。楯ヶ崎と同じ熊野酸性岩がつくる侵食地形であるが、鬼ヶ城や獅子岩をつくる熊野酸性岩は花崗斑岩ではなく、凝灰岩である（図23）。

熊野市神川町では、硯石や碁石に加工され、一般には那智黒石と呼ばれる黒色頁岩が採掘されている。このほか、度会郡南伊勢町から南牟婁郡紀宝町にかけての熊野灘の海岸線は、リアス海岸や海岸段丘などのビューポイントが連続している（三重県立博物館、2001）。なかでも、熊野市から御浜町を経て紀宝町に至るおよそ25kmにも及ぶ海岸線は七里御浜と呼ばれる。七里御浜南端の紀宝町井田海岸は、アカウミガメの産卵地として知られ、道の駅「紀宝町ウミガメ公園」が建設されるなど、町をあげてウミガメの保護が図られている。

また、熊野灘沿岸には、須賀利大池・座佐池はじめ多数の海跡湖**があり、海跡湖自体珍しいものだが、湖底に有史以来何度となく発生した南海トラフ地震の津波堆積物が保存されていることでも知られる（図24）。

＊　＊　＊

須賀利大池では、高知大学の岡村真さんたちが湖底ボーリングをおこない、数多くの津波の痕跡を捉えている（岡村、2013）。黒灰色の厚いシルトの中に、明灰色の粗粒砂が挟まれていて、誰の目にもその異常さが認識できる。これまで南海トラフ地震に伴う津波では、一七〇七年に発生した宝永地震津波が最大のものとされてきた。岡村チームは、高知県や大分県・徳島県における湖底ボーリングのみならず、三重県須賀利大池や大紀町の芦浜池などから、宝永地震津波を上回る巨大地震の痕跡がおよそ2000年前に発生していたことを突き止めている。

図24　尾鷲市の須賀利大池

＊**花崗斑岩**↓花崗岩と同じ鉱物・化学組成をもつ斑状の火成岩。石英・長石類・黒雲母などの鉱物でできているが、花崗岩より冷却速度が速いため、細粒の石基部分が認められる。花崗斑岩は、花崗岩として一括されることもある。

＊＊**海跡湖**↓かつて海であったところが、外海から隔離されてできた湖や沼沢地。

ゆかりの地を訪ねる

熊野市には、世界遺産に登録された熊野古道がある。熊野参詣道伊勢路の一部である八鬼山道を歩くと、道沿いに並ぶ石仏に出会う。石仏は、町石とも丁石とも呼ばれる。よく見ると、石仏の石材が薄緑色をしていることがわかる。石仏は、付加体を構成する玄武岩の一種であるハイアロクラスタイトでつくられている。

⑪

◉熊野市

イルカ・ボーイズの墓

図25　イルカ・ボーイズの墓

熊野市紀和町板屋の紀州鉱山の一角に、白い十字架の立つ英国人の墓がある。第二次大戦中、マレー半島で日本軍と戦って捕虜となり、はるばる日本まで連れてこられた元兵士たちの墓である(図25)。

連行された兵士の数は、300人。彼らは、やがて山の中の捕虜収容所に入れられ、昼間は紀州鉱山で採掘や選鉱作業に従事させられた。食料事情が悪いうえに過酷な労働環境がたたって、300人中16人が病気になり、終戦を知ることなく異国の地に果てた。

戦時中、捕虜収容所があった板屋は「入鹿」と呼ばれた。こうしたこともあり、鉱夫となった英国兵は、自らを「イルカ・ボーイズ」と名づけ互いに鼓舞しあって、厳しい収容所生活に耐えたという。

そもそも紀州鉱山とは、どんな鉱山だったのか。

紀州鉱山の成り立ちは古く、銅の採鉱はすでに奈良時代に開始されたとされるが、本格的な操業は第二次大戦をはさんだおよそ44年間であった。

紀州鉱山が位置する地域の地質は、新第三紀中新世(約1500万年前)の熊野層群三津野層と呼ばれる砂岩・泥岩互層である。地層が堆積して間もなく大規模貫入した熊野酸性岩に伴う火山活動によって鉱床ができた。成因のうえでは、紀州鉱山は熱水性銅鉱脈鉱床に分類される。

図26　紀州鉱山の選鉱場跡

慶長のころ、紀州鉱山から産出する銅鉱石は、銅の品質が良く金の含有率が高かったこともあり、オランダ商人が好んで買い求め、紀州ブランドとしてヨーロッパ各地で高値で売りさばいた。江戸時代における紀州鉱山の鉱区数はすでに300カ所に達していた。

明治になると、銅は近代日本の発展に欠かせない金属資源として、大財閥にのし上がった三井・住友・三菱のほか、古河や藤田、新たに日立が加わり国をあげて銅鉱山の開発が進められた。

紀州鉱山の鉱脈は南北約20km、東西約3km、鉱脈数は245本にも及んでいる（加納、1988）。本格採掘された44年の間、銅山経営のためにどれほど多くの労働者が動員されてきたか、こうしたテーマに切り込んだ研究者がいる。労働法が専門の相模女子大学の奥貫妃文氏である。以下は、大学紀要に掲載された論考（奥貫、2013）をたよりに、書き進める。

紀州鉱山の従業員数を、オーナーだった石原産業株式会社の社内報でみると、1940（昭和15）年には2720人、第二次大戦が開始された1941年は3205人、1943年は3245人となっている。戦時中は、日本人鉱夫が不足したため、英国人捕虜や朝鮮半島から大量に鉱夫を徴用し、銅採掘にあたらせた。戦後、しばらく従業員数は落ち込むが、それでも紀和町発足時の1955年には従業員数1465人が働く大鉱山だった（図26）。町の人口は鉱山労働者の7倍にも達し、非常に活気があって山間の田舎町に映画館が4つも立ち並ぶ盛況ぶりだったという。この時期の紀州鉱山の銅生産量は、日本で8位につけていた。別子銅山（住友：愛媛県）が1位、2位は尾去沢（三菱：秋田県）、3位は日立（日鉱：茨城県）、4位は足尾（古河：栃木県）、5位は花岡（田和：秋田県）であった。

紀州鉱山がある紀和町は、かつて北牟婁郡に属していた。鉱山の繁栄は、紀和町における人口変化に端的に表れている。紀和町は、2005年11月1日に熊野市と合併したが、このときの人口は１６３９人であった。

ときを遡り、１９５５（昭和30）年紀和町発足時の人口は、１万83人を数えている。そののち、１９９０（平成２）年には２１５５人となり、児童生徒数も１９５５年には２２９３人いたのが、１９９０年には１２８人まで激減している。紀和町の繁栄ぶりは、板屋にある入鹿小学校や入鹿中学校の、田舎には立派すぎる校舎を見れば十分納得できる。

銅鉱山開発に伴う負の遺産もみておかなければならない。紀州鉱山でも、銅採掘や精錬がもとで、地中より湧出する有害物質除去のため浄化装置が今も稼働し続けている。

イルカ・ボーイズの物語が、イギリスで話題になったのには、理由がある。紀和町出身で、英国に住む恵子・ホームズさんが里帰りのたびに、英国人の夫と墓を訪れた。夫は手入れの行き届いた墓を見て、「日本人はやさしい」といつも感激したという。飛行機事故で夫を亡くした恵子さんが、次に墓地に行って驚いた。十字架も墓石も新しくなっていて、立派な祈念碑まで立っていた。こんな村人たちの気持ちを英国にいる元捕虜たちに伝えたい。恵子さんが撮影した墓の写真とともに、神父の書いた「永遠に英国なる日本の片隅」の一文がカトリック系新聞に掲載され、めぐり巡って戦友たちの知るところとなった。日英双方で計１０００万円を超える基金が集められ、収容所生活を送った旧英国兵を招いて日英合同の慰霊祭が催された。１９９２年のことである。英国からは、28名のイルカ・ボーイズ一行が参加した（恵子・ホームズ、1992）。

墓地を整備し、世話を継続してきたのは地元老人会という。その後、今日まで交流が続けられている。

＊　＊　＊

１９９５年頃、戦後50年を契機に天皇陛下の訪英が計画された。この時期、英国では第二次大戦中に日本軍により強制労働に動員された英国人元捕虜が、日本に謝罪や補償を求める動きが活発化して外交問題になっていた。世論の沈静化にイルカ・ボーイズ訪日団の話が一役買ったのは確実だが、結局、陛下の訪英は98年まで実現しなかった。

ゆかりの地を訪ねる

紀州鉱山の歴史や発掘された鉱石などを知るには、熊野市紀和鉱山資料館（図27）がある。紀州鉱山で鉱石運搬用に使用されたトロッコ電車に乗車し、坑内見学をすることもできる。鉱山資料館から少し足をのばせば、藤堂高虎の築城とされる国史跡・赤木城跡がある。さながら「荒城の月」のたたずまいである。丸山千枚田も近い。

熊野は、不老不死の薬を求めて渡来したとされる徐福伝説の最有力地の一つ。和歌山県新宮市とともに、徐福ゆかりの地を訪ねるのもよい。

図27　紀和鉱山資料館内部の展示風景

◉ 大王崎（三重県志摩市）

志摩半島の先端に突き出た岬（図1）。熊野灘と遠州灘を分ける海の難所とされ、1927（昭和2）年につくられた白亜の大王崎灯台がある。

大王崎周辺には、およそ1億年前から6500万年前の中生代白亜紀の複雑に変形した地層が分布している。いわゆる付加体の堆積物である。砂岩・泥岩を主体に、さまざまな岩石が混じりあった混在岩（メランジュ）と呼ばれる岩体で構成されている。岬の先端をつくる地層は海の中に連続し、干潮時には海中から突き出た岩石が灯台の上からも見える。

大王崎から北西に約10km行ったところに横山展望台がある。リアス式海岸（沈降海岸）として有名な英虞湾（図2）を一望できる観光名所である。

図1　大王崎灯台、灯台がのる地層はジュラ紀の砂岩

図2　横山展望台より見た英虞湾

参考文献

●静岡県

1

嶋田繁（2000）伊豆半島、天城カワゴ平火山の噴火と縄文時代後～晩期の古環境　第四紀研究 39　pp. 151-164

町田洋・新井房夫（2003）新編火山灰アトラス　東京大学出版会　p. 336

森勇一・伊藤隆彦・宮田英嗣（1990）愛知県町田・松河戸遺跡から発見された縄文時代後・晩期の境界付近に位置する火山灰層について　第四紀研究 29　pp. 17-23

西田史朗・高橋豊・竹村恵二・石田志朗・前田保夫（1993）近畿地方へ東から飛んできた縄文時代後・晩期火山灰層の発見　第四紀研究 32　pp. 129-138

森勇一（1994）愛知県松河戸遺跡における自然科学的検討―とくに松河戸火山灰層と昆虫群集について　愛知県埋蔵文化財センター調査報告書（第48集）松河戸遺跡　愛知県埋蔵文化財センター　pp. 37-54

2

吉村尚久（1988）1　湯ヶ島層群　中部地方Ⅰ（日本の地質4）　共立出版株式会社　pp. 104-108

3

佐野貴司（2010）富士山とその周辺　新版静岡県地学のガイド　コロナ社　pp. 48-73

石田高（1988）富士火山帯南帯の火山　中部地方Ⅰ（日本の地質4）　共立出版株式会社　pp. 187-191

4

川井信夫・堀繁久・河原正和・稲垣政志（2008）日本産コガネムシ上科（第1巻食糞群）　昆虫文献六本脚　p. 197

森勇一（1993）静岡県川合遺跡の井戸中から産した食糞性昆虫群集について　川合遺跡（八反田地区）報告書　平成3・4年度県営住宅南沼上団地建替工事に伴う埋蔵文化財発掘調査概報　静岡県埋蔵文化財調査研究所　pp. 52-53

森勇一（1995）静岡県川合遺跡（八反田地区）より得られた昆虫群集について　静岡県埋蔵文化財調査研究所調査報告書（第63集）川合遺跡（八反田地区Ⅱ）　静岡県埋蔵文化財調査研究所　pp. 327-339

5

安田喜憲（2015）生命の輝きに触れるミュージアムへようこそ　ふじのくに地球環境史ミュージアム年報　pp. 6-7

6

森勇一（1993）静岡県・池ヶ谷遺跡の水田層より産した稲作害虫について　静岡県埋蔵文化財調査研究所調査報告書（第46集）池ヶ谷遺跡Ⅱ（自然科学編）　静岡県埋蔵文化財調査研究所　pp. 201-218

静岡県埋蔵文化財調査研究所（1992）静岡県埋蔵文化財調査研究所調査報告書（第38集）池ヶ谷遺跡（遺構編）　p. 107

森勇一（1999）昆虫化石よりみた先史～歴史時代の古環境変遷史　歴博国際シンポジウム「過去1万年間の陸域環境の変遷と自然災害史」　国立歴史民俗博物館研究報告第81集　国立歴史民俗博物館　pp. 311-342

7
狩野謙一（2010）南アルプス―1億年前の深海底が隆起　しずおか自然史　静岡新聞社　pp. 16-17

8
狩野謙一（2010）大井川流域　新版静岡県地学のガイド　コロナ社　pp. 105-124

9
加藤芳朗（1977）植物珪酸体―土の中の化石　静岡地学 36　pp. 4-16
加藤芳朗（1960）「黒ボク」土壌中の植物起源粒子について（予報）　日本土壌肥料学雑誌 30　pp. 549-552
加藤芳朗（1964）腐植に富む土壌（「黒ボク」土壌）の生成に関する問題点　第四紀研究 3　pp. 212-222
森勇一（2010）第4章、第5節ヒトと自然との交渉史―遺跡発掘の現場から　愛知県史別編・自然　愛知県　pp. 343-360
森勇一（2016）第1章、第2節縄文時代の自然　三重県史通史編　三重県　pp. 21-39
阪口豊（1987）黒ボク土文化・科学 57-6　pp. 352-361
山野井徹（1996）黒土の成因に関する地質学的検討　地質学雑誌 102　pp. 526-544

10
森勇一（1991）珪藻分析からみた静岡県御殿・二之宮遺跡における古環境　御殿・二之宮遺跡　市立二之宮保育園建設に伴う発掘調査報告書　静岡県磐田市教育委員会　pp. 76-88
森勇一（1995）昆虫および珪藻分析から得られた御殿・二之宮遺跡の古環境　御殿二之宮遺跡第6次発掘調査報告書　御殿・二之宮遺跡調査会　pp. 58-70
森勇一（1996）昆虫および珪藻分析から得られた浜松市角江遺跡の古環境　静岡県埋蔵文化財調査研究所調査報告書（第69集）角江遺跡、静岡県埋蔵文化財調査研究所　pp. 147-155
佐藤善輝・藤原治・小野映介（2016）浜松平野西部における完新世後期の浜堤列の地形発達過程　第四紀研究 55　pp. 17-35

●愛知県

1
森勇一・松岡敬二（2016）愛知県柴石峠の中新統設楽層群から産出した甲虫化石　豊橋市自然史博物館研報　pp. 1-5
森勇一（2016）子育てする昆虫クロツヤムシ　続・ムシの考古学　雄山閣　pp. 207-212

2
浦川洋一・横山良哲（1985）設楽盆地の岩脈の分布と応力場　鳳来寺山自然科学博物館　pp. 63-80
横山良哲（1987）奥三河1600万年の旅　風媒社　p. 178
浦川洋一・横山良哲（1988）設楽盆地の岩脈の解析と中新世後期における応力場の研究　名古屋地学 50　pp. 81-86
松岡敬二・森勇一（2006）愛知県新城市の北設亜層群のフィッション・トラック年代　豊橋市自然史博物館研報 16　pp. 49-51
星博幸・檀原徹・岩野英樹（2006）西南日本の中新世テクトニクスに対する新たな年代制約：愛知県設楽地域におけるフィッショ

ン・トラック年代測定　地質学雑誌 112　pp. 153-165
星博幸・岩野英樹・檀原徹（2005）設楽層群の地質　古地磁気及び FT 年代から探る西南日本弧の中新世テクトニクス　フィッション・トラックニュースレター 18　pp. 47-49

3

糸魚川淳二・柴田博（1992）瀬戸内区の中新世古地理（改訂版）　瑞浪市化石博物館研報 19　pp. 1-12
二村光一（2018）愛知県佐久島における下部中新統日間賀累層の未固結変形構造　地球科学 72　pp. 95-97

4

東谷山湿地調査研究会編（2019）東谷山湿地ボーリング調査報告書　p. 86
村松憲一（2018）名古屋市守山区・尾張旭市の地質　名古屋地学 80　pp. 1-9
森勇一・浅野雄太・小野知洋（2019）愛知県東谷山湿地のボーリング試料から発見された昆虫化石　東谷山湿地ボーリング調査報告書

5

森勇一（1989）松崎遺跡の古代製塩について　埋蔵文化財愛知 17　愛知県埋蔵文化財センター　pp. 6-7
森勇一（1991）珪藻分析によって得られた古代製塩についての一考察　考古学雑誌 76　pp. 62-75

6

山崎貞治・志岐常正（1988）津波堆積物―師崎層群礫浦礫層の例　月刊地球 10-8　pp. 511-515
志岐常正・山崎貞治・橘徹（2002）中新統礫ケ浦ツナミアイトと西日本弧の回転　月刊地球 24-10　pp. 718-723
林唯一（1987）知多半島の中新統師崎層群の堆積時造構造運動　地学雑誌 96　pp. 278-293
木村一朗（1994）私のフィールドノート（私家版）　木村一朗先生退官記念事業会　p.118

7

東海化石研究会（1993）師崎層群の化石ー愛知県の化石（第２集）　p. 297
Yoshida H. K. Yamamoto, M.Minami, N. Katsuta, S. Sirono and R. Metcalfe 2018, Generalized conditions of spherical carbonate concretion formation around decaying organic matter in early diagenesis. Scientific Reports ２０１８年４月20日付電子版より

8

Sato, T. (1974) A Jurassic ammonite from near Inuyama, north of Nagoya. Trans Proc. Palaeont. Scc. Japan, NS., 96, 427-432.
猪郷久義（2006）古い地層に残された動植物　国立科学博物館編　日本列島の自然史　東海大学出版会　pp. 43-59
重田康成（2001）アンモナイト学　東海大学出版会　p. 155

9

入鹿池史編集委員会（1994）入鹿池史（入鹿用水誌）、入鹿用水土地改良区　p. 1409
愛知県（2010）愛知県史・別編自然付属 CD-ROM「愛知の風水害年表」
森勇一（2018）「入鹿切れ」を掘る　シンポジウム入鹿切れを考える―洪水堆積層の調査から　大口町歴史民俗資料館　pp. 2-8

中日新聞社（2018）「切れた堤—入鹿切れ150年」２０１８年６月27日付朝刊　p. 12

10

日本直翅類学会編（2006）バッタ・コオロギ・キリギリス大図鑑　北海道大学出版会　p. 687

森勇一（2015）ムシの考古学増補改訂版　雄山閣　p. 254

森勇一（1994）生物群集からみた朝日遺跡の変遷—都市型生物群集の出現から消滅まで　愛知県埋蔵文化財センター調査報告書（第三四集）朝日遺跡V（土器編・総括編）　愛知県埋蔵文化財センター　pp. 339-354

11

ぎょうせい（2012）ドキュメント東日本大震災浦安のまち—液状化の記録　p. 66

愛知県立津島高等学校地学部流砂現象研究グループ（1981）濃尾平野南西部における流砂現象について—東南海・三河地震時における取材結果と将来予測　濃尾平野の総合的研究（第一集）　愛知県立津島高等学校地学部　pp. 9-35

●岐阜県

1

宮川邦彦・新川公（1988）飛騨外縁帯（3）蒲田—福地地域　中部地方II（日本の地質5）　共立出版株式会社　pp. 60-61

2

原田幹（2013）東西文化の結節点・朝日遺跡　新泉社　p. 93

愛知県埋蔵文化財センター（2001）鳥帽子遺跡　平成十二年度年報　p. 44

小池秀雄（2007）新版下呂石物語　下呂石シンポジウム実行委員会　p. 28

3

中津川市鉱物博物館（1999）中津川市鉱物博物館常設展示解説書　p. 45

4

安藤佑介・藤原慎一・安藤瑚奈美（2018）フォトグラメトリーを活用した瑞浪層群明世産 *Crenomytilus grayanus*（二枚貝綱：イガイ科）群体（MFM16000）の三次元的な産状再現　瑞浪市化石博物館研報 44　pp. 63-70

森勇一・松岡敬二（2016）愛知県柴石峠の中新統設楽層群から産出した甲虫化石　豊橋市自然史博物館研報　pp. 1-5

5

Terada k. and Suzuki M. 1998, Revision of the so-called・Reevesia・fossil woods from Tertiary in Japan - a proposal of the new genus *Wataria* (Sterculiaceae). Review of Palaeobotany and Palynology, 103, 235-251.

美濃加茂市民ミュージアム（2003）美濃加茂にサイやゾウがいた頃—みのかもの大地と化石　美濃加茂市　p. 51

森勇一・宇佐美徹（2003）第1章、地形・地質・気象　豊明市史資料編補7自然　豊明市　pp. 3-70

6

Sato Honami , Tetsuji Onoue,　Tatsuo Nozaki & Katsuhiko Suzuki（2013)Osmium isotope evidence for a large Late Triassic impact event.

Nature Communications, 4 (online)

7

東海化石趣味の会（1974）金生山化石図鑑　p. 93

8

養老町教育委員会（2010）養老町埋蔵文化財調査報告書（第6集）象鼻山古墳群発掘調査報告書—第1～4次発掘調査の成果　p. 193

森勇一・海津正倫・鬼頭剛・川瀬久美子（1996）三重県桑名断層に伴う活構造についての一考察　活断層研究 15　pp. 17-22

須貝俊彦・杉山雄一（1998）大深度反射法地震探査による濃尾平野の活構造調査　地質調査所速報　EQ98・1　pp. 55-65

9

森勇一（1990）タイムマシン「濃尾平野号」は行く—縄文・弥生の低地　池田芳雄編　親と子の自然景観ウォッチング　風媒社　pp. 131-148

10

渡辺誠編（2000）羽沢貝塚報告書　南濃町教育委員会　p. 193

大野寛次（1999）お城の外で名古屋城の石探し　森勇一編　フィールドサイエンス地球の不思議探検　風媒社　pp. 24-29

田口一男・鈴木和博（2015）名古屋城の城郭に使用された石材の産地同定のための全岩化学分析—予報　名古屋大学加速器質量分析計業績報告書（ＸＸⅥ）　名古屋大学年代測定総合研究センター　pp. 138-143

大橋保俊（1982）第三章江戸時代の経済　南濃町史　岐阜県南濃町　pp. 228-305

●三重県

1

森勇一（2012）ムシの考古学　雄山閣　p. 237

2

三重県埋蔵文化財センター（1999）三重県埋蔵文化財調査報告 186 集宮山遺跡発掘調査報告　p. 100

森勇一（1996）三重県多度町の鮮新・更新統東海層群より産出した寒冷型甲虫化石　第四紀研究 34　pp. 373-381

森勇一（2013）桑名市力尾地区の東海層群より産出した昆虫化石　三重県嘉例川火山灰層発掘調査報告書　多度力尾地区東海層群学術調査団　pp. 67-81

3

太田陽子・寒川旭（1984）鈴鹿山脈東麓地域の変位地形と第四紀地殻変動　地理学評論 57　pp. 237-262

貝塚爽平（1950）桑名市西方の断層地形　地理学評論 22　pp. 352-356

建設省国土地理院（2001）空中写真による活断層の判読法—判読基準カード集　p. 90

森勇一・海津正倫・鬼頭剛・川瀬久美子（1996）三重県桑名断層に伴う活構造についての一考察　活断層研究 15　pp. 17-22

4

森勇一（2014）ミエゾウがいたころの昆虫化石　でかいぞミエゾウ！―化石が語る巨大ゾウの世界　三重県総合博物館開館記念企画展図録　三重県総合博物館　pp. 89-98

5

森勇一・宇佐美徹・斎藤めぐみ（2014）三重県津市の東海層群亀山層から得られた海生珪藻化石と高海水準期イベント　Diatom 30　pp. 75-85

Schrader, H.J. (1978) Quaternary through Neogene History of the Black Sea, Deduced from the Paleoecology of Diatoms, Silicoflagellates, Ebridians, and Chrysomonads. In Initial Reports of the Deep Sea Drilling Project, vol 41：789-901.

Hasle, G.R.and Sims, P.A. (1986)The Diatom Genera Stellarima and Symbolophora with Comments on the Genus Actinoptychus　Br. Phycol. J. 21：97-114.

吉田史郎・高橋裕平・西岡芳晴（1995）津西部の地質　地域地質研究報告（5万分の1の地質図幅）　地質調査所　p. 136

森勇一・宇佐美徹・田中里志・田村糸子（2015）珪藻化石から得られた東海層群の湖水域「安農津湖」について、日本第四紀学会2015年大会講演要旨集　p. 14

6

服部川足跡化石調査団（1986）古琵琶湖層群上野累層の足跡化石　三重県立博物館　p. 112

三重県総合博物館（2014）でかいぞミエゾウ！―化石が語る巨大ゾウの世界　三重県総合博物館　p. 107

7

室生団体研究グループ・八尾昭（2008）室生火砕流堆積物の給源火山　地球科学 62　pp. 97-108

8

三重県大型化石発掘調査団（2001）鳥羽の恐竜化石　三重県鳥羽市産恐竜化石調査研究報告書　p. 78

9

笹田政克（1988）（3）熊野酸性岩　中部地方Ⅱ（日本の地質5）、共立出版株式会社　pp. 142-143

ＮＨＫスペシャル列島誕生ジオ・ジャパン制作班（2017）ＮＨＫスペシャル列島誕生ジオ・ジャパン激動の日本列島誕生の物語　宝島社　p. 157

三重県立博物館（2001）三重県の地質鉱物―三重県地質鉱物緊急調査報告書　p. 128

10

岡村真（2013）西日本沿岸の巨大津波痕跡から将来を考える　文化財科学が解き明かす自然災害Ⅱ　日本文化財科学会　pp. 19-21

奥貫妃文（2013）近現代日本の鉱山労働と労働法制―三重・紀州鉱山の足跡　相模女子大学研究紀要 77　pp. 107-121

加納隆（1988）2　金属鉱床　中部地方Ⅱ（日本の地質5）　共立出版株式会社　pp. 220-225

恵子・ホームズ（1992）イルカ・ボーイズの夏　日本経済新聞1992年8月14日付文化欄

あとがき

筆者の根幹は、高校地学教師にある。地学は、いうまでもなく自然科学の一学問分野である。本書で扱っている題材の約半数は、ヒトが活躍した時代、つまり歴史時代に相当している。そのため、本書でも歴史時代のできごとや考古学に属する内容を多く含めた。

読んでもらえばすぐに分かることだが、歴史といっても、自然科学の方法論を用いて調べた内容や自然科学の立場からみた歴史観に片寄っている。

新聞連載を引き受けてみたものの、二週間に一度紙面をあけることなく、原稿を書き続けることはなかなか難しかった。まずは、毎回の原稿を最後まで読んでもらうため、地学オンリーの内容は避けなければならない、と考えた。平易な文章を心がけるとともに、写真が準備できることが原稿執筆の大前提となった。

結果として、自分が関わった研究や、一度は調査したり行ったりしたことがある場所が選ばれたが、原稿を書くため、おかげで東海四県をよく旅行させていただいた。

本書の出版にあたり、居川信之氏（株式会社エイト日本技術開発中部支社防災保全部長）に、草稿段階で読んでいただき、間違いを修正したり改善を図ることができた。

写真借用にあたっては、愛知県埋蔵文化財センター・静岡県埋蔵文化財センター・ふじのくに地球環境史ミュージアム・三重県総合博物館・名古屋大学博物館・瑞浪市化石博物館・千葉県環境研究センター・田中里志氏（京都教育大学教授）、および愛知県・桑名市・ニワ里ねっと・海津市教育委員会・養老町教育委員会などにお世話になった。また、蜂矢喜一郎（東海化石研究会）・川瀬基弘（愛知みずほ大学）・尾上哲治（熊本大学）・大野芳樹（愛知県立松蔭高校）・田口一男（C―ファクトリー）・吉田耕治（金城学院大学）・津村善博（三重県総合博物館）・鹿野勘次の各氏には、写真掲載について便宜を図っていただいた。

新聞連載を本書へと転用するのに快諾いただいた中部経済新聞社常務取締役・後藤治彦氏と、本書刊行までこぎつけていただいた風媒社の林桂吾氏には、心より感謝の言葉を申しあげる。

［著者略歴］
森 勇一（もり・ゆういち）
1948 年愛知県生まれ。
三重大学大学院生物資源学研究科博士課程修了　博士（環境史学・古生物学）
愛知県立津島高等学校教諭、愛知県埋蔵文化財センター課長補佐、国際日本文化研究センター共同研究員・同客員准教授、金城学院大学などを経て、現在東海シニア自然大学講師。
愛知県史・三重県史・名古屋市史・日進市史など多くの自治体史執筆のほか、以下の著作がある。
【著書】
『地球の歴史名探偵 ガラスの雨が降る夜』（風媒社）・『アンモナイトの約束』（同）・『ムシの考古学』（雄山閣）・『続・ムシの考古学』（同）『環境考古学ハンドブック』（朝倉書店）・『環境考古学マニュアル』（同成社）・『新しい研究法は考古学になにをもたらしたか』（クバプロ）・『古代に挑戦する自然科学』（同）・『縄文文明の発見』（ＰＨＰ研究所）・『弥生文化の研究 10』（雄山閣）（以上共著）ほか多数。

＊本書は 2015 年刊行の『アンモナイトの約束　東海のジオストーリー 50』をもとに加筆・再編集し、新たに「静岡」地域を加えたものです。

装幀／田端昌良

東海《とうかい》のジオサイトを楽《たの》しむ

2019 年 2 月 10 日　第 1 刷発行　（定価はカバーに表示してあります）

著　者　　森 勇一
発行者　　山口 章

発行所　名古屋市中区大須 1 丁目 16 番 29 号
電話 052-218-7808　FAX052-218-7709
http://www.fubaisha.com/
風媒社

乱丁・落丁本はお取り替えいたします。　＊印刷・製本／シナノパブリッシングプレス
ISBN978-4-8331-0181-3